한 권으로

계산

끝

한 권으로 계산 끝 ❹

지은이 차길영
펴낸이 임상진
펴낸곳 (주)넥서스

초판 1쇄 발행 2019년 7월 5일
초판 2쇄 발행 2019년 7월 12일

2판 1쇄 인쇄 2020년 9월 15일
2판 1쇄 발행 2020년 9월 21일

출판신고 1992년 4월 3일 제311-2002-2호
10880 경기도 파주시 지목로 5
Tel (02)330-5500 Fax (02)330-5555

ISBN 979-11-6165-675-5 (64410)
        979-11-6165-671-7 (SET)

www.nexusbook.com
www.nexusEDU.kr/math

🕐 문제풀이 속도와 정확성을 향상시키는
초등 연산 프로그램

계산력 + 두뇌회전
UP!

한 권으로 계산 끝

수학의 마술사 **차길영** 지음

4

초등수학
2학년 과정

넥서스에듀

혹시 여러분, 이런 학생은 아닌가요?

문제를 풀면 다 맞긴 하는데 시간이
너무 오래 걸려요.

341 + 726

한 자리 숫자는 자신이 있는데
숫자가 커지면 당황해요.

덧셈과 뺄셈은 어렵지 않은데
곱셈과 나눗셈은 무서워요.

계산할 때 자꾸
손가락을 써요.

문제는 빨리 푸는데
채점하면 비가 내려요.

이제 계산 끝이면, 실수 끝! 오답 끝! 걱정 끝!

왜 〈한 권으로 계산 끝〉으로 시작해야 하나요?

수학의 기본은 계산입니다.

계산력이 약한 학생들은 잦은 실수와 문제풀이 시간 부족으로 수학에 대한 흥미를 잃으며 수학을 점점 멀리하게 되는 것이 현실입니다. 따라서 차근차근 계단을 오르듯 수학의 기본이 되는 계산력부터 길러야 합니다. 이러한 계산력은 매일 규칙적으로 꾸준히 학습하는 것이 중요합니다. '창의성'이나 '사고력 및 논리력'은 수학의 기본인 계산력이 뒷받침이 된 다음에 얘기할 수 있는 것입니다. 우리는 '창의성' 또는 '사고력'을 너무나 동경한 나머지 수학의 기본인 '계산'과 '암기'를 소홀히 생각합니다. 그러나 번뜩이는 문제 해결력이나 아이디어, 창의성은 수없이 반복되어 온 암기 훈련 및 꾸준한 학습을 통해 쌓인 지식에 근거한다는 점을 절대 잊으면 안 됩니다.

수학은 일찍 시작해야 합니다.

초등학교 수학 과정은 기초 계산력을 완성시키는 단계입니다. 특히 저학년 때 연산이 차지하는 비율은 전체의 70~80%나 됩니다. 수학 성적의 차이는 머리가 아니라 수학을 얼마나 일찍 시작하느냐에 달려 있습니다. 머리가 좋은 학생이 수학을 잘 하는 것이 아니라 수학을 열심히 공부하는 학생이 머리가 좋아지는 것이죠. 수학이 싫고 어렵다고 어렸을 때부터 수학을 멀리하게 되면 중학교, 고등학교에 올라가서는 수학을 포기하게 됩니다. 수학은 어느 정도 수준에 오르기까지 많은 시간이 필요한 과목이기 때문에 비교적 여유가 있는 초등학교 때 수학의 기본을 다져놓는 것이 중요합니다.

혹시 수학 성적이 걱정되고 불안하신가요?

그렇다면 수학의 기본이 되는 계산력부터 키워주세요. 하루 10~20분씩 꾸준히 계산력을 키우게 되면 티끌 모아 태산이 되듯 수학의 기초가 튼튼해지고 수학이 재미있어질 것입니다. 어떤 문제든 기초 계산 능력이 뒷받침되어 있지 않으면 해결할 수 없습니다. 〈한 권으로 계산 끝〉 시리즈로 수학의 재미를 키워보세요. 여러분은 모두 '수학 천재'가 될 수 있습니다. 화이팅!

수학의 마술사 **차길영**

구성 및 특징

01

계산 원리 학습

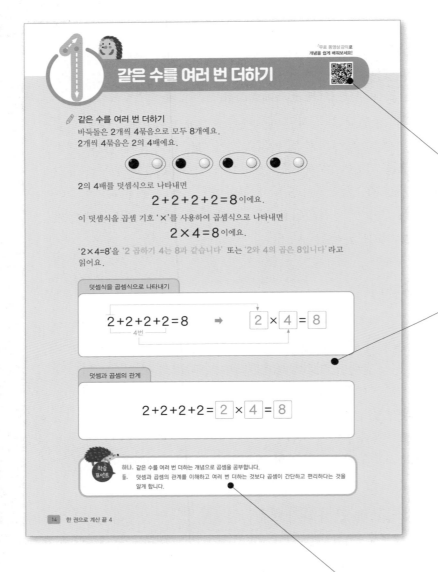

무료 동영상 강의로
계산 원리의 개념을 쉽고
정확하게 이해할 수 있습니다.

QR코드를 스마트폰으로 찍거나
www.nexusEDU.kr/math 접속

초등수학의 새 교육과정에
맞춰 연산 주제의 원리를
이해하고 연산 방법을
이끌어냅니다.

계산 원리의 학습 포인트를
통해 연산의 기초 개념 정리를
한 번에 끝낼 수 있습니다.

02 계산력 학습 및 완성

자신의 진도 목표에 따라 하루에 적당한 분량을 정해 학습합니다.
문제를 풀 때 걸리는 시간을 정확히 측정하고 기록해 보세요.
계산력 향상 Up! Up! Up!

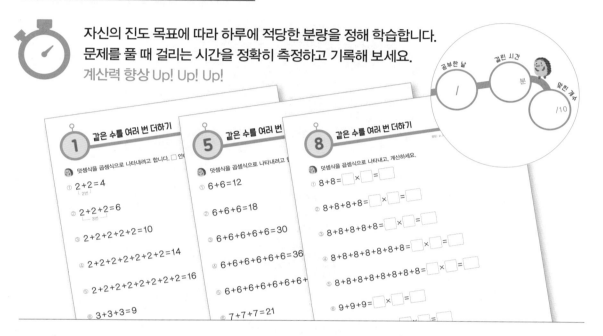

공부한 날 | 걸린 시간 | 맞힌 개수
1 | 분 | /10

1 같은 수를 여러 번 더하기

덧셈식을 곱셈식으로 나타내려고 합니다. 안에

① 2+2=4
② 2+2+2=6
③ 2+2+2+2+2=10
④ 2+2+2+2+2+2+2=14
⑤ 2+2+2+2+2+2+2+2=16
⑥ 3+3+3=9

5 같은 수를 여러 번

덧셈식을 곱셈식으로 나타내려고

① 6+6=12
② 6+6+6=18
③ 6+6+6+6+6=30
④ 6+6+6+6+6+6=36
⑤ 6+6+6+6+6+6+6
⑥ 7+7+7=21

8 같은 수를 여러 번 더하기

덧셈식을 곱셈식으로 나타내고, 계산하세요.

① 8+8=□×□=□
② 8+8+8+8=□×□=□
③ 8+8+8+8+8=□×□=□
④ 8+8+8+8+8+8=□×□=□
⑤ 8+8+8+8+8+8+8+8=□×□=□
⑥ 9+9+9=□×□=□

03 실력 체크

교재의 중간과 마지막에 나오는 실력 체크 문제로,
앞서 배운 4개의 강의 내용을 복습하고 다시 한 번
실력을 탄탄하게 점검할 수 있습니다.

실력 체크

1-A 같은 수를 여러 번 더하기

공부한 날 | 월 | 일
걸린 시간 | 분 | 초
맞힌 개수 | /15

덧셈식을 곱셈식으로 나타내려고 합니다. 안에 알맞은 수를 써넣으세요.

① 2+2+2+2=8 ➡ □×□=□
② 3+3+3+3+3+3=18 ➡ □×□=□
③ 4+4+4+4=16 ➡ □×□=□
④ 4+4+4+4+4+4+4+4+4=36 ➡ □×□=□
⑤ 5+5+5=15 ➡ □×□=□
⑥ 6+6+6+6+6+6+6=42 ➡ □×□=□
⑦ 7+7+7+7+7=35 ➡ □×□=□
⑧ 8+8+8+8+8+8+8=56 ➡ □×□=□
⑨ 9+9=18 ➡ □×□=□
⑩ 9+9+9+9+9+9+9+9+9=81 ➡ □×□=□

실력 체크

8-B 곱셈구구

공부한 날 | 월 | 일
걸린 시간 | 분 | 초
맞힌 개수 | /23

빈 곳에 알맞은 수를 써넣으세요.

×	3	5	8	2	6
1					
5					
7					
9					
2					
3					

'한 권으로 계산 끝'만의 차별화된 서비스

✅ 스마트폰으로 QR코드를 찍으면 이 모든 것이 가능해요!

모바일 진단평가 1
과연 내 연산 실력은 어떤 레벨일까요? 진단평가로 현재 실력을 확인하고 알맞은 레벨을 선택할 수 있어요.

2 무료 동영상 강의
눈에 쏙! 귀에 쏙! 들어오는 개념 설명 강의를 보면, 문제의 답이 쉽게 보인답니다.

추가 문제 5
각 권마다 추가로 제공되는 문제로 속도력 + 정확성을 키우세요!

초시계 3
자신의 문제풀이 속도를 측정하고 '걸린 시간'을 기록하는 습관은 계산 끝판왕이 되는 필수 요소예요.

마무리 평가 4
온라인에서 제공하는 별도 추가 종합 문제를 통해 학습한 내용을 복습하고 최종 실력을 확인할 수 있어요.

✅ 스마트폰이 없어도 걱정 마세요!
넥서스에듀 홈페이지로 들어오세요.

※ 진단평가, 마무리 평가의 종합문제 및 추가 문제는 홈페이지에서 다운로드 → 프린트해서 쓸 수 있어요.

www.nexusEDU.kr/math

차례

4 곱셈구구

초등수학 2학년 과정

한 권으로 계산 끝 학습계획표

✓ **하루하루 끝내기로 한 학습 분량을 마치고 학습계획표를 체크해 보세요!**

2주 / 4주 / 8주 완성 학습 목표를 정한 뒤에 매일매일 체크해 보세요.
스스로 공부하는 습관이 길러지고, 수학의 기초 실력인 연산력+계산력이 쑥쑥 향상됩니다.

2주 완성

1주

1일	2일	3일	4일	5일
1강의 1~8	2강의 1~8	3강의 1~8	4강의 1~8	실력체크 중간 점검
✔	완료	완료	완료	완료

2주

6일	7일	8일	9일	10일
5강의 1~8	6강의 1~8	7강의 1~8	8강의 1~8	실력체크 최종 점검
완료	완료	완료	완료	완료

wow!

4주 완성

1주
1일 · · · · **2일** · · · · **3일** · · · · **4일** · · · · **5일**

1강의 1~4	1강의 5~8	2강의 1~4	2강의 5~8	3강의 1~4
완료	완료	완료	완료	완료

2주
6일 · · · · **7일** · · · · **8일** · · · · **9일** · · · · **10일**

3강의 5~8	4강의 1~4	4강의 5~8	실력체크 중간 점검 1~2	실력체크 중간 점검 3~4
완료	완료	완료	완료	완료

3주
11일 · · · · **12일** · · · · **13일** · · · · **14일** · · · · **15일**

5강의 1~4	5강의 5~8	6강의 1~4	6강의 5~8	7강의 1~4
완료	완료	완료	완료	완료

4주
16일 · · · · **17일** · · · · **18일** · · · · **19일** · · · · **20일**

7강의 5~8	8강의 1~4	8강의 5~8	실력체크 최종 점검 5~6	실력체크 최종 점검 7~8
완료	완료	완료	완료	완료

한 권으로 계산 끝 학습계획표

8주 완성

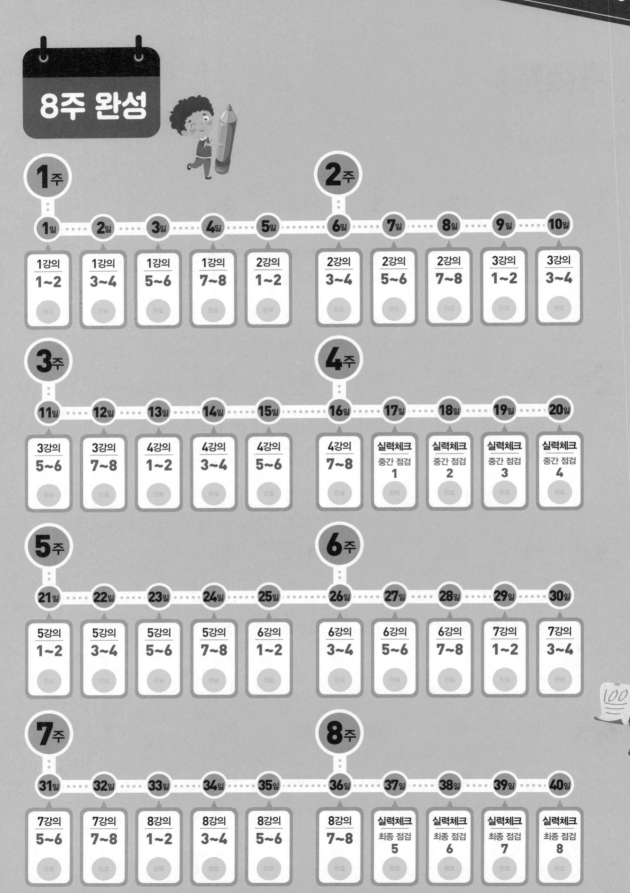

1주

1일	2일	3일	4일	5일	6일	7일	8일	9일	10일
1강의 1~2	1강의 3~4	1강의 5~6	1강의 7~8	2강의 1~2	2강의 3~4	2강의 5~6	2강의 7~8	3강의 1~2	3강의 3~4
완료	완료	완료	완료	완료	완료	완료	완료	완료	완료

2주

3주 / **4주**

11일	12일	13일	14일	15일	16일	17일	18일	19일	20일
3강의 5~6	3강의 7~8	4강의 1~2	4강의 3~4	4강의 5~6	4강의 7~8	실력체크 중간 점검 1	실력체크 중간 점검 2	실력체크 중간 점검 3	실력체크 중간 점검 4
완료	완료	완료	완료	완료	완료	완료	완료	완료	완료

5주 / **6주**

21일	22일	23일	24일	25일	26일	27일	28일	29일	30일
5강의 1~2	5강의 3~4	5강의 5~6	5강의 7~8	6강의 1~2	6강의 3~4	6강의 5~6	6강의 7~8	7강의 1~2	7강의 3~4
완료	완료	완료	완료	완료	완료	완료	완료	완료	완료

7주 / **8주**

31일	32일	33일	34일	35일	36일	37일	38일	39일	40일
7강의 5~6	7강의 7~8	8강의 1~2	8강의 3~4	8강의 5~6	8강의 7~8	실력체크 최종 점검 5	실력체크 최종 점검 6	실력체크 최종 점검 7	실력체크 최종 점검 8
완료	완료	완료	완료	완료	완료	완료	완료	완료	완료

곱셈구구

2학년 과정

같은 수를 여러 번 더하기

✏️ **같은 수를 여러 번 더하기**

바둑돌은 2개씩 4묶음으로 모두 8개예요.
2개씩 4묶음은 2의 4배예요.

2의 4배를 덧셈식으로 나타내면

$$2+2+2+2=8$$ 이에요.

이 덧셈식을 곱셈 기호 '×'를 사용하여 곱셈식으로 나타내면

$$2×4=8$$ 이에요.

'2×4=8'을 '2 곱하기 4는 8과 같습니다' 또는 '2와 4의 곱은 8입니다'라고
읽어요.

덧셈식을 곱셈식으로 나타내기

$$2+2+2+2=8 \quad \Rightarrow \quad 2 \times 4 = 8$$

4번

덧셈과 곱셈의 관계

$$2+2+2+2= 2 \times 4 = 8$$

**학습
포인트**

하나. 같은 수를 여러 번 더하는 개념으로 곱셈을 공부합니다.
둘. 덧셈과 곱셈의 관계를 이해하고 여러 번 더하는 것보다 곱셈이 간단하고 편리하다는 것을
알게 합니다.

1 같은 수를 여러 번 더하기

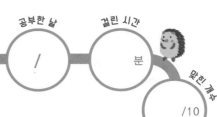

공부한 날

/

걸린 시간

분

맞힌 개수

/10

정답: p.2

🦔 덧셈식을 곱셈식으로 나타내려고 합니다. □ 안에 알맞은 수를 써넣으세요.

① $2+2=4$
 └ 2번 ┘
➡ □ × □ = □

② $2+2+2=6$
 └── 3번 ──┘
➡ □ × □ = □

③ $2+2+2+2+2=10$
➡ □ × □ = □

④ $2+2+2+2+2+2+2=14$
➡ □ × □ = □

⑤ $2+2+2+2+2+2+2+2=16$
➡ □ × □ = □

⑥ $3+3+3=9$
➡ □ × □ = □

⑦ $3+3+3+3=12$
➡ □ × □ = □

⑧ $3+3+3+3+3+3=18$
➡ □ × □ = □

⑨ $3+3+3+3+3+3+3=21$
➡ □ × □ = □

⑩ $3+3+3+3+3+3+3+3+3=27$
➡ □ × □ = □

2 같은 수를 여러 번 더하기

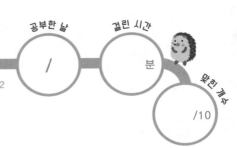

정답: p.2

공부한 날   /

걸린 시간   분

맞힌 개수   /10

덧셈식을 곱셈식으로 나타내고, 계산하세요.

① $2+2+2+2 = \boxed{} \times \boxed{} = \boxed{}$

② $2+2+2+2+2 = \boxed{} \times \boxed{} = \boxed{}$

③ $2+2+2+2+2+2 = \boxed{} \times \boxed{} = \boxed{}$

④ $2+2+2+2+2+2+2+2 = \boxed{} \times \boxed{} = \boxed{}$

⑤ $2+2+2+2+2+2+2+2+2 = \boxed{} \times \boxed{} = \boxed{}$

⑥ $3+3 = \boxed{} \times \boxed{} = \boxed{}$

⑦ $3+3+3+3 = \boxed{} \times \boxed{} = \boxed{}$

⑧ $3+3+3+3+3 = \boxed{} \times \boxed{} = \boxed{}$

⑨ $3+3+3+3+3+3+3 = \boxed{} \times \boxed{} = \boxed{}$

⑩ $3+3+3+3+3+3+3+3 = \boxed{} \times \boxed{} = \boxed{}$

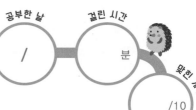
덧셈식을 곱셈식으로 나타내려고 합니다. □ 안에 알맞은 수를 써넣으세요.

① $4+4+4=12$
　　└─ 3번 ─┘
　➡ □ × □ = □

② $4+4+4+4+4=20$
　　└───── 5번 ─────┘
　➡ □ × □ = □

③ $4+4+4+4+4+4=24$
　➡ □ × □ = □

④ $4+4+4+4+4+4+4+4=32$
　➡ □ × □ = □

⑤ $4+4+4+4+4+4+4+4+4=36$ ➡ □ × □ = □

⑥ $5+5=10$
　➡ □ × □ = □

⑦ $5+5+5+5=20$
　➡ □ × □ = □

⑧ $5+5+5+5+5=25$
　➡ □ × □ = □

⑨ $5+5+5+5+5+5+5=35$
　➡ □ × □ = □

⑩ $5+5+5+5+5+5+5+5=40$
　➡ □ × □ = □

4 같은 수를 여러 번 더하기

공부한 날 / 걸린 시간 분 맞힌 개수 /10

정답: p.2

덧셈식을 곱셈식으로 나타내고, 계산하세요.

① $4+4=\boxed{}\times\boxed{}=\boxed{}$

② $4+4+4+4=\boxed{}\times\boxed{}=\boxed{}$

③ $4+4+4+4+4=\boxed{}\times\boxed{}=\boxed{}$

④ $4+4+4+4+4+4+4=\boxed{}\times\boxed{}=\boxed{}$

⑤ $4+4+4+4+4+4+4+4=\boxed{}\times\boxed{}=\boxed{}$

⑥ $5+5+5=\boxed{}\times\boxed{}=\boxed{}$

⑦ $5+5+5+5+5=\boxed{}\times\boxed{}=\boxed{}$

⑧ $5+5+5+5+5+5=\boxed{}\times\boxed{}=\boxed{}$

⑨ $5+5+5+5+5+5+5=\boxed{}\times\boxed{}=\boxed{}$

⑩ $5+5+5+5+5+5+5+5+5=\boxed{}\times\boxed{}=\boxed{}$

5 같은 수를 여러 번 더하기

공부한 날

걸린 시간

/

분

정답: p.2

맞힌 개수

/10

덧셈식을 곱셈식으로 나타내려고 합니다. □ 안에 알맞은 수를 써넣으세요.

① $6+6=12$ ➡ $\square \times \square = \square$

② $6+6+6=18$ ➡ $\square \times \square = \square$

③ $6+6+6+6+6=30$ ➡ $\square \times \square = \square$

④ $6+6+6+6+6+6=36$ ➡ $\square \times \square = \square$

⑤ $6+6+6+6+6+6+6+6=48$ ➡ $\square \times \square = \square$

⑥ $7+7+7=21$ ➡ $\square \times \square = \square$

⑦ $7+7+7+7=28$ ➡ $\square \times \square = \square$

⑧ $7+7+7+7+7+7=42$ ➡ $\square \times \square = \square$

⑨ $7+7+7+7+7+7+7+7=56$ ➡ $\square \times \square = \square$

⑩ $7+7+7+7+7+7+7+7+7=63$ ➡ $\square \times \square = \square$

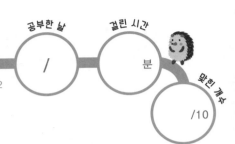
🦔 덧셈식을 곱셈식으로 나타내고, 계산하세요.

① 6+6+6= ☐ × ☐ = ☐

② 6+6+6+6= ☐ × ☐ = ☐

③ 6+6+6+6+6+6+6= ☐ × ☐ = ☐

④ 6+6+6+6+6+6+6+6= ☐ × ☐ = ☐

⑤ 6+6+6+6+6+6+6+6+6= ☐ × ☐ = ☐

⑥ 7+7= ☐ × ☐ = ☐

⑦ 7+7+7+7+7= ☐ × ☐ = ☐

⑧ 7+7+7+7+7+7= ☐ × ☐ = ☐

⑨ 7+7+7+7+7+7+7= ☐ × ☐ = ☐

⑩ 7+7+7+7+7+7+7+7+7= ☐ × ☐ = ☐

정답: p.2

덧셈식을 곱셈식으로 나타내려고 합니다. □ 안에 알맞은 수를 써넣으세요.

① $8+8+8=24$ ➡ □ × □ = □

② $8+8+8+8+8=40$ ➡ □ × □ = □

③ $8+8+8+8+8+8=48$ ➡ □ × □ = □

④ $8+8+8+8+8+8+8=56$ ➡ □ × □ = □

⑤ $8+8+8+8+8+8+8+8+8=72$ ➡ □ × □ = □

⑥ $9+9=18$ ➡ □ × □ = □

⑦ $9+9+9+9=36$ ➡ □ × □ = □

⑧ $9+9+9+9+9=45$ ➡ □ × □ = □

⑨ $9+9+9+9+9+9+9=63$ ➡ □ × □ = □

⑩ $9+9+9+9+9+9+9+9=72$ ➡ □ × □ = □

8 같은 수를 여러 번 더하기

공부한 날   걸린 시간

/   분

정답: p.2

맞힌 개수

/10

🦔 덧셈식을 곱셈식으로 나타내고, 계산하세요.

① $8+8=$ ☐ $\times$ ☐ $=$ ☐

② $8+8+8+8=$ ☐ $\times$ ☐ $=$ ☐

③ $8+8+8+8+8=$ ☐ $\times$ ☐ $=$ ☐

④ $8+8+8+8+8+8+8=$ ☐ $\times$ ☐ $=$ ☐

⑤ $8+8+8+8+8+8+8+8=$ ☐ $\times$ ☐ $=$ ☐

⑥ $9+9+9=$ ☐ $\times$ ☐ $=$ ☐

⑦ $9+9+9+9+9=$ ☐ $\times$ ☐ $=$ ☐

⑧ $9+9+9+9+9+9=$ ☐ $\times$ ☐ $=$ ☐

⑨ $9+9+9+9+9+9+9+9=$ ☐ $\times$ ☐ $=$ ☐

⑩ $9+9+9+9+9+9+9+9+9=$ ☐ $\times$ ☐ $=$ ☐

2의 단, 5의 단, 4의 단 곱셈구구

✎ 2의 단 곱셈구구

곱하는 수가 1씩 커지면 곱은 2씩 커져요.

×	1	2	3	4	5	6	7	8	9
2	2	4	6	8	10	12	14	16	18

✎ 5의 단 곱셈구구

곱하는 수가 1씩 커지면 곱은 5씩 커져요.

×	1	2	3	4	5	6	7	8	9
5	5	10	15	20	25	30	35	40	45

✎ 4의 단 곱셈구구

곱하는 수가 1씩 커지면 곱은 4씩 커져요.

×	1	2	3	4	5	6	7	8	9
4	4	8	12	16	20	24	28	32	36

곱셈표

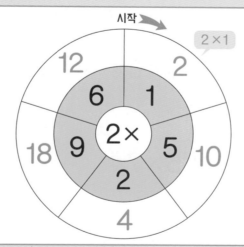

학습 포인트

하나. 2의 단, 5의 단, 4의 단 곱셈구구를 공부합니다.

둘. 묶어 세기, 뛰어 세기 등의 여러 가지 방법을 이용하여 곱셈구구의 원리를 이해하고 외우게 하여 곱을 빠르고 정확하게 계산할 수 있도록 합니다.

셋. 어떤 수와 1과의 곱은 항상 어떤 수가 된다는 것과 어떤 수와 0과의 곱은 항상 0이 된다는 것을 이해하게 합니다. 예) $2 \times 0 = 0$, $5 \times 0 = 0$

곱셈을 하세요.

① $2 \times 1 =$

② $2 \times 2 =$

③ $2 \times 3 =$

④ $2 \times 4 =$

⑤ $2 \times 5 =$

⑥ $2 \times 6 =$

⑦ $2 \times 7 =$

⑧ $2 \times 8 =$

⑨ $2 \times 9 =$

⑩ $5 \times 1 =$

⑪ $5 \times 2 =$

⑫ $5 \times 3 =$

⑬ $5 \times 4 =$

⑭ $5 \times 5 =$

⑮ $5 \times 6 =$

⑯ $5 \times 7 =$

⑰ $5 \times 8 =$

⑱ $5 \times 9 =$

⑲ $4 \times 1 =$

⑳ $4 \times 2 =$

㉑ $4 \times 3 =$

㉒ $4 \times 4 =$

㉓ $4 \times 5 =$

㉔ $4 \times 6 =$

㉕ $4 \times 7 =$

㉖ $4 \times 8 =$

㉗ $4 \times 9 =$

2 2의 단, 5의 단, 4의 단 곱셈구구

빈 곳에 알맞은 수를 써넣으세요.

① 시작 ➜ 2×4

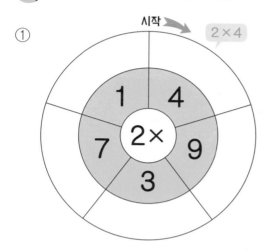

④ 시작 ➜ 2×6

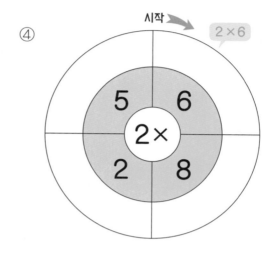

②

⑤

③

⑥

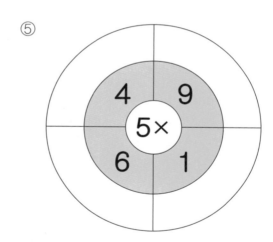

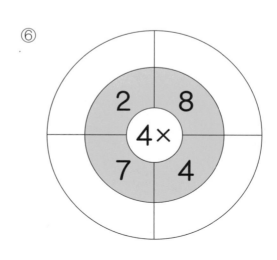

3
2의 단, 5의 단, 4의 단 곱셈구구

공부한 날

걸린 시간

/

분

맞힌 개수

/27

정답: p.3

곱셈을 하세요.

① $2 \times 1 =$

② $2 \times 2 =$

③ $2 \times 3 =$

④ $5 \times 1 =$

⑤ $5 \times 2 =$

⑥ $5 \times 3 =$

⑦ $4 \times 1 =$

⑧ $4 \times 2 =$

⑨ $4 \times 3 =$

⑩ $2 \times 4 =$

⑪ $2 \times 5 =$

⑫ $2 \times 6 =$

⑬ $5 \times 4 =$

⑭ $5 \times 5 =$

⑮ $5 \times 6 =$

⑯ $4 \times 4 =$

⑰ $4 \times 5 =$

⑱ $4 \times 6 =$

⑲ $2 \times 7 =$

⑳ $2 \times 8 =$

㉑ $2 \times 9 =$

㉒ $5 \times 7 =$

㉓ $5 \times 8 =$

㉔ $5 \times 9 =$

㉕ $4 \times 7 =$

㉖ $4 \times 8 =$

㉗ $4 \times 9 =$

빈 곳에 알맞은 수를 써넣으세요.

① 시작 ➤ 2×9
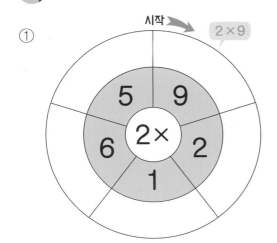

④ 시작 ➤ 4×8
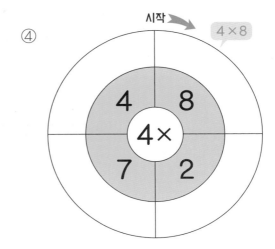

②
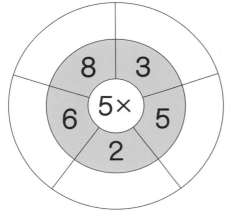

⑤
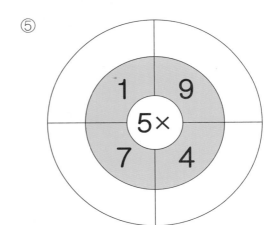

③
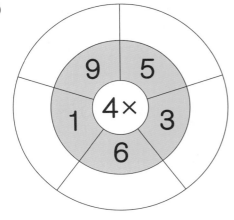

⑥
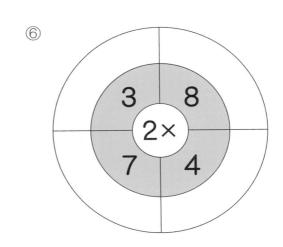

5

2의 단, 5의 단, 4의 단 곱셈구구

공부한 날

걸린 시간

/

분

맞힌 개수

/27

정답: p.3

🦔 곱셈을 하세요.

① $2 \times 0 =$

⑩ $2 \times 1 =$

⑲ $2 \times 2 =$

② $2 \times 3 =$

⑪ $2 \times 4 =$

⑳ $2 \times 6 =$

③ $2 \times 7 =$

⑫ $2 \times 8 =$

㉑ $2 \times 9 =$

④ $5 \times 0 =$

⑬ $5 \times 2 =$

㉒ $5 \times 3 =$

⑤ $5 \times 4 =$

⑭ $5 \times 5 =$

㉓ $5 \times 6 =$

⑥ $5 \times 7 =$

⑮ $5 \times 8 =$

㉔ $5 \times 9 =$

⑦ $4 \times 0 =$

⑯ $4 \times 1 =$

㉕ $4 \times 2 =$

⑧ $4 \times 3 =$

⑰ $4 \times 4 =$

㉖ $4 \times 5 =$

⑨ $4 \times 6 =$

⑱ $4 \times 8 =$

㉗ $4 \times 9 =$

빈 곳에 알맞은 수를 써넣으세요.

①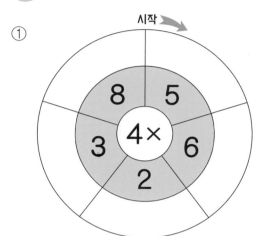

④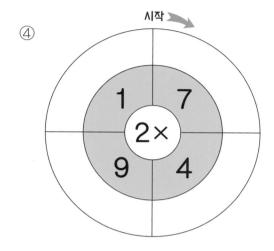

②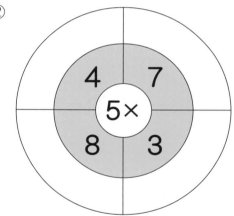

⑤

③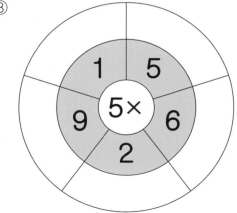

⑥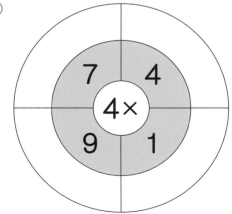

곱셈을 하세요.

① $2 \times 0 =$

② $2 \times 4 =$

③ $2 \times 7 =$

④ $5 \times 0 =$

⑤ $5 \times 4 =$

⑥ $5 \times 7 =$

⑦ $4 \times 0 =$

⑧ $4 \times 3 =$

⑨ $4 \times 6 =$

⑩ $2 \times 2 =$

⑪ $2 \times 5 =$

⑫ $2 \times 8 =$

⑬ $5 \times 1 =$

⑭ $5 \times 5 =$

⑮ $5 \times 8 =$

⑯ $4 \times 1 =$

⑰ $4 \times 4 =$

⑱ $4 \times 7 =$

⑲ $2 \times 3 =$

⑳ $2 \times 6 =$

㉑ $2 \times 9 =$

㉒ $5 \times 2 =$

㉓ $5 \times 6 =$

㉔ $5 \times 9 =$

㉕ $4 \times 2 =$

㉖ $4 \times 5 =$

㉗ $4 \times 9 =$

8 2의 단, 5의 단, 4의 단 곱셈구구

정답: p.3

빈 곳에 알맞은 수를 써넣으세요.

① 시작 ➤

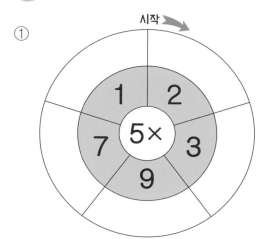

④ 시작 ➤

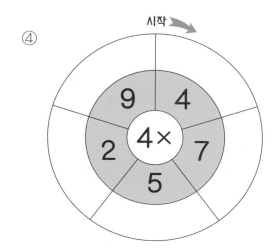

②

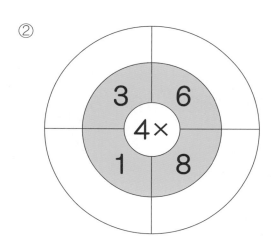

⑤

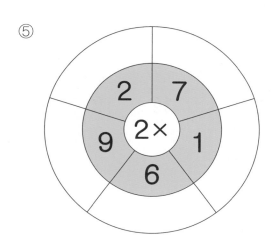

③

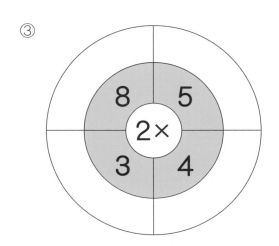

⑥

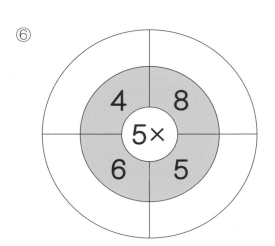

3 2의 단, 3의 단, 6의 단 곱셈구구

2의 단 곱셈구구

곱하는 수가 1씩 커지면 곱은 2씩 커져요.

×	1	2	3	4	5	6	7	8	9
2	2	4	6	8	10	12	14	16	18

3의 단 곱셈구구

곱하는 수가 1씩 커지면 곱은 3씩 커져요.

×	1	2	3	4	5	6	7	8	9
3	3	6	9	12	15	18	21	24	27

6의 단 곱셈구구

곱하는 수가 1씩 커지면 곱은 6씩 커져요.

×	1	2	3	4	5	6	7	8	9
6	6	12	18	24	30	36	42	48	54

곱셈표

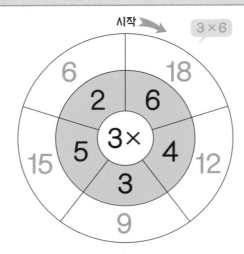

학습 포인트

하나. 2의 단, 3의 단, 6의 단 곱셈구구를 공부합니다.

둘. 3의 단과 6의 단의 곱셈구구 관계를 이해하면 더 쉽게 외울 수 있습니다.

1

2의 단, 3의 단, 6의 단 곱셈구구

🦔 곱셈을 하세요.

① 2×1=

② 2×2=

③ 2×3=

④ 2×4=

⑤ 2×5=

⑥ 2×6=

⑦ 2×7=

⑧ 2×8=

⑨ 2×9=

⑩ 3×1=

⑪ 3×2=

⑫ 3×3=

⑬ 3×4=

⑭ 3×5=

⑮ 3×6=

⑯ 3×7=

⑰ 3×8=

⑱ 3×9=

⑲ 6×1=

⑳ 6×2=

㉑ 6×3=

㉒ 6×4=

㉓ 6×5=

㉔ 6×6=

㉕ 6×7=

㉖ 6×8=

㉗ 6×9=

빈 곳에 알맞은 수를 써넣으세요.

①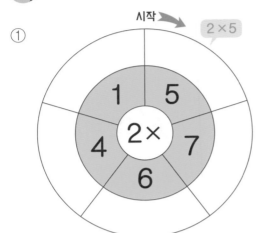

④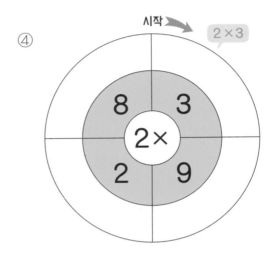

②

⑤

③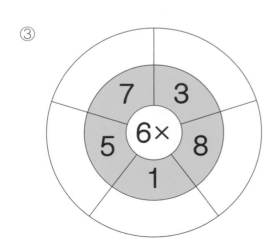

⑥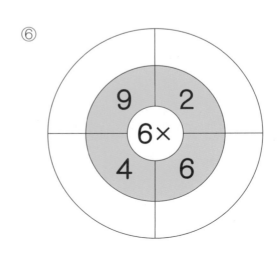

3

2의 단, 3의 단, 6의 단 곱셈구구

공부한 날

/

걸린 시간

분

맞힌 개수

/27

정답: p.4

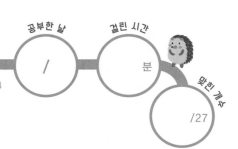

🦔 곱셈을 하세요.

① $2 \times 1 =$

② $2 \times 2 =$

③ $2 \times 3 =$

④ $3 \times 1 =$

⑤ $3 \times 2 =$

⑥ $3 \times 3 =$

⑦ $6 \times 1 =$

⑧ $6 \times 2 =$

⑨ $6 \times 3 =$

⑩ $2 \times 4 =$

⑪ $2 \times 5 =$

⑫ $2 \times 6 =$

⑬ $3 \times 4 =$

⑭ $3 \times 5 =$

⑮ $3 \times 6 =$

⑯ $6 \times 4 =$

⑰ $6 \times 5 =$

⑱ $6 \times 6 =$

⑲ $2 \times 7 =$

⑳ $2 \times 8 =$

㉑ $2 \times 9 =$

㉒ $3 \times 7 =$

㉓ $3 \times 8 =$

㉔ $3 \times 9 =$

㉕ $6 \times 7 =$

㉖ $6 \times 8 =$

㉗ $6 \times 9 =$

빈 곳에 알맞은 수를 써넣으세요.

① 시작 ➜ 3×7

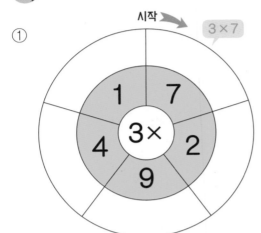

④ 시작 ➜ 6×2

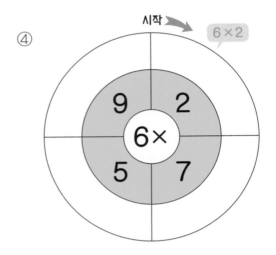

②

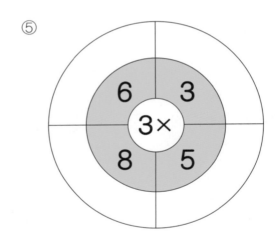

⑤

③

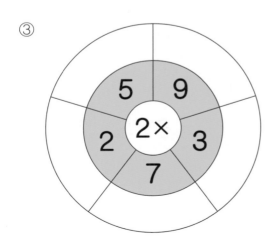

⑥

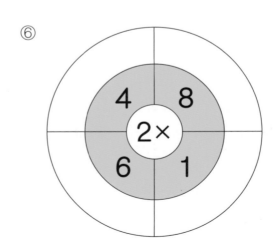

5

2의 단, 3의 단, 6의 단 곱셈구구

공부한 날

/

걸린 시간

분

맞힌 개수

/27

정답: p.4

 곱셈을 하세요.

① $2 \times 0 =$

⑩ $2 \times 1 =$

⑲ $2 \times 2 =$

② $2 \times 3 =$

⑪ $2 \times 4 =$

⑳ $2 \times 5 =$

③ $2 \times 6 =$

⑫ $2 \times 7 =$

㉑ $2 \times 9 =$

④ $3 \times 0 =$

⑬ $3 \times 1 =$

㉒ $3 \times 2 =$

⑤ $3 \times 3 =$

⑭ $3 \times 4 =$

㉓ $3 \times 5 =$

⑥ $3 \times 7 =$

⑮ $3 \times 8 =$

㉔ $3 \times 9 =$

⑦ $6 \times 0 =$

⑯ $6 \times 1 =$

㉕ $6 \times 2 =$

⑧ $6 \times 3 =$

⑰ $6 \times 4 =$

㉖ $6 \times 5 =$

⑨ $6 \times 6 =$

⑱ $6 \times 7 =$

㉗ $6 \times 8 =$

6 2의 단, 3의 단, 6의 단 곱셈구구

정답: p.4

공부한 날 /
걸린 시간 분
맞힌 개수 /6

빈 곳에 알맞은 수를 써넣으세요.

①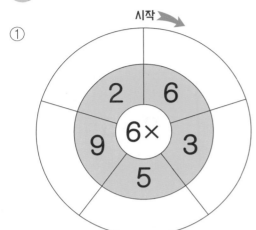

②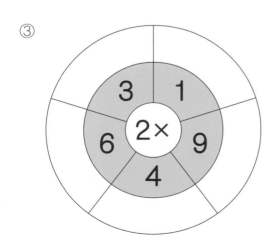

③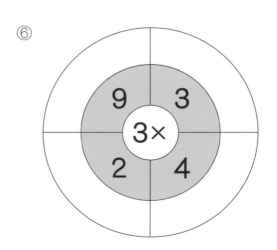

④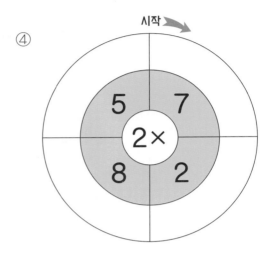

⑤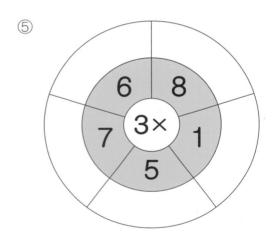

⑥

7 2의 단, 3의 단, 6의 단 곱셈구구

정답: p.4

곱셈을 하세요.

① 2×0=

② 2×4=

③ 2×7=

④ 3×0=

⑤ 3×4=

⑥ 3×7=

⑦ 6×0=

⑧ 6×4=

⑨ 6×7=

⑩ 2×1=

⑪ 2×5=

⑫ 2×8=

⑬ 3×2=

⑭ 3×5=

⑮ 3×8=

⑯ 6×1=

⑰ 6×5=

⑱ 6×8=

⑲ 2×2=

⑳ 2×6=

㉑ 2×9=

㉒ 3×3=

㉓ 3×6=

㉔ 3×9=

㉕ 6×3=

㉖ 6×6=

㉗ 6×9=

8 2의 단, 3의 단, 6의 단 곱셈구구

빈 곳에 알맞은 수를 써넣으세요.

①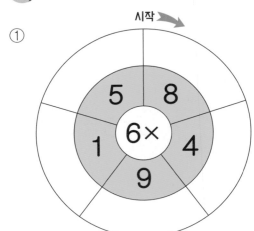

④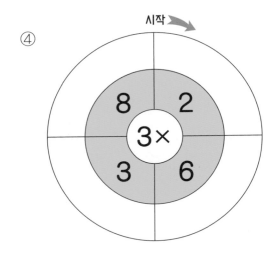

②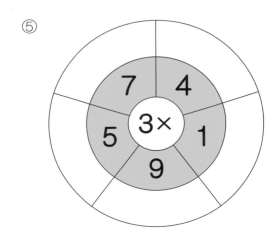

⑤

③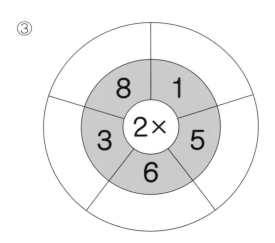

⑥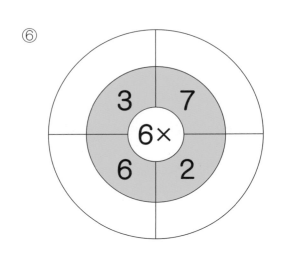

3의 단, 6의 단, 4의 단 곱셈구구

✏ 3의 단 곱셈구구

곱하는 수가 1씩 커지면 곱은 3씩 커져요.

×	1	2	3	4	5	6	7	8	9
3	3	6	9	12	15	18	21	24	27

✏ 6의 단 곱셈구구

곱하는 수가 1씩 커지면 곱은 6씩 커져요.

×	1	2	3	4	5	6	7	8	9
6	6	12	18	24	30	36	42	48	54

✏ 4의 단 곱셈구구

곱하는 수가 1씩 커지면 곱은 4씩 커져요.

×	1	2	3	4	5	6	7	8	9
4	4	8	12	16	20	24	28	32	36

곱셈표

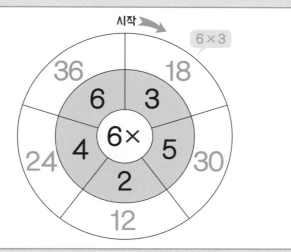

학습 포인트

하나. 3의 단, 6의 단, 4의 단 곱셈구구를 공부합니다.

둘. 곱셈구구를 외우며 곱셈의 교환법칙을 자연스럽게 경험하고 이해할 수 있도록 합니다.

 곱셈을 하세요.

① 3×1=

② 3×2=

③ 3×3=

④ 3×4=

⑤ 3×5=

⑥ 3×6=

⑦ 3×7=

⑧ 3×8=

⑨ 3×9=

⑩ 6×1=

⑪ 6×2=

⑫ 6×3=

⑬ 6×4=

⑭ 6×5=

⑮ 6×6=

⑯ 6×7=

⑰ 6×8=

⑱ 6×9=

⑲ 4×1=

⑳ 4×2=

㉑ 4×3=

㉒ 4×4=

㉓ 4×5=

㉔ 4×6=

㉕ 4×7=

㉖ 4×8=

㉗ 4×9=

🦔 빈 곳에 알맞은 수를 써넣으세요.

① 시작 ➤ 3×2

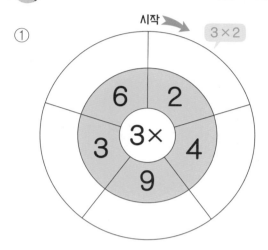

④ 시작 ➤ 3×5

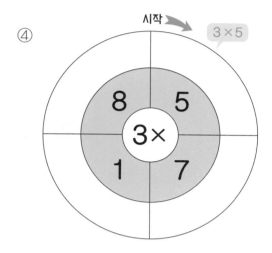

②

⑤

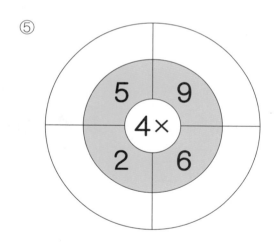

③

⑥

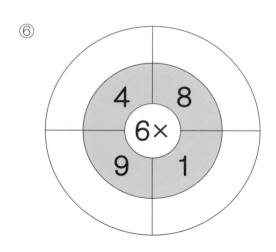

3

3의 단, 6의 단, 4의 단 곱셈구구

공부한 날
/

걸린 시간
분

맞힌 개수
/27

정답: p.5

곱셈을 하세요.

① $3 \times 1 =$

② $3 \times 2 =$

③ $3 \times 3 =$

④ $4 \times 1 =$

⑤ $4 \times 2 =$

⑥ $4 \times 3 =$

⑦ $6 \times 1 =$

⑧ $6 \times 2 =$

⑨ $6 \times 3 =$

⑩ $3 \times 4 =$

⑪ $3 \times 5 =$

⑫ $3 \times 6 =$

⑬ $4 \times 4 =$

⑭ $4 \times 5 =$

⑮ $4 \times 6 =$

⑯ $6 \times 4 =$

⑰ $6 \times 5 =$

⑱ $6 \times 6 =$

⑲ $3 \times 7 =$

⑳ $3 \times 8 =$

㉑ $3 \times 9 =$

㉒ $4 \times 7 =$

㉓ $4 \times 8 =$

㉔ $4 \times 9 =$

㉕ $6 \times 7 =$

㉖ $6 \times 8 =$

㉗ $6 \times 9 =$

빈 곳에 알맞은 수를 써넣으세요.

①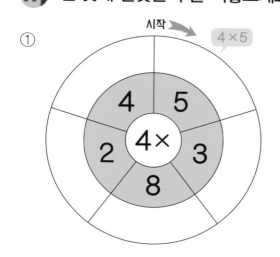

시작 ➜ 4×5

④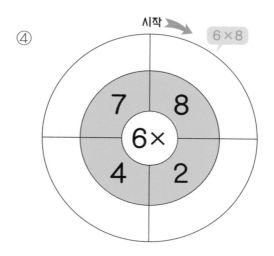

시작 ➜ 6×8

②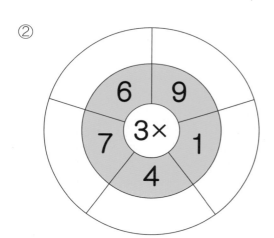

⑤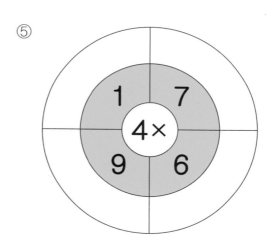

③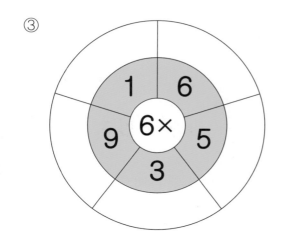

⑥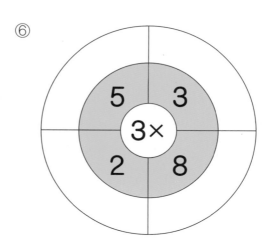

5

3의 단, 6의 단, 4의 단 곱셈구구

정답: p.5

공부한 날

걸린 시간

분

맞힌 개수

/27

곱셈을 하세요.

① $3 \times 0 =$

② $3 \times 4 =$

③ $3 \times 7 =$

④ $6 \times 0 =$

⑤ $6 \times 3 =$

⑥ $6 \times 6 =$

⑦ $4 \times 0 =$

⑧ $4 \times 3 =$

⑨ $4 \times 7 =$

⑩ $3 \times 1 =$

⑪ $3 \times 5 =$

⑫ $3 \times 8 =$

⑬ $6 \times 1 =$

⑭ $6 \times 4 =$

⑮ $6 \times 7 =$

⑯ $4 \times 1 =$

⑰ $4 \times 4 =$

⑱ $4 \times 8 =$

⑲ $3 \times 2 =$

⑳ $3 \times 6 =$

㉑ $3 \times 9 =$

㉒ $6 \times 2 =$

㉓ $6 \times 5 =$

㉔ $6 \times 9 =$

㉕ $4 \times 2 =$

㉖ $4 \times 6 =$

㉗ $4 \times 9 =$

6 3의 단, 6의 단, 4의 단 곱셈구구

정답: p.5

빈 곳에 알맞은 수를 써넣으세요.

① 시작 ➤
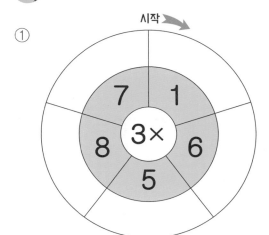

④ 시작 ➤
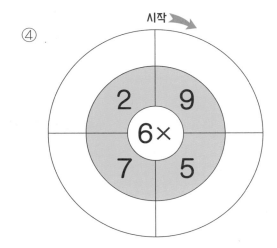

②
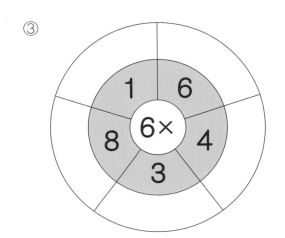

⑤
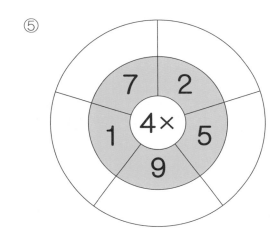

③
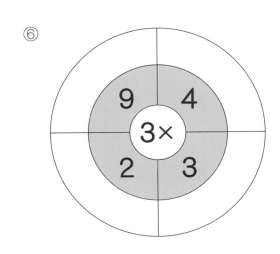

⑥

7

3의 단, 6의 단, 4의 단 곱셈구구

공부한 날

걸린 시간

정답: p.5

/

분

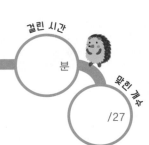

맞힌 개수

/27

 곱셈을 하세요.

① 3×0=

② 3×4=

③ 3×7=

④ 6×0=

⑤ 6×3=

⑥ 6×7=

⑦ 4×0=

⑧ 4×3=

⑨ 4×7=

⑩ 3×2=

⑪ 3×5=

⑫ 3×8=

⑬ 6×1=

⑭ 6×5=

⑮ 6×8=

⑯ 4×1=

⑰ 4×4=

⑱ 4×8=

⑲ 3×3=

⑳ 3×6=

㉑ 3×9=

㉒ 6×2=

㉓ 6×6=

㉔ 6×9=

㉕ 4×2=

㉖ 4×5=

㉗ 4×9=

빈 곳에 알맞은 수를 써넣으세요.

① 시작 ▶
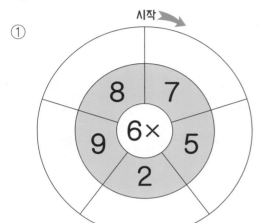

④ 시작 ▶
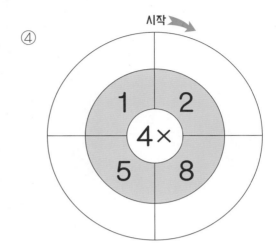

②
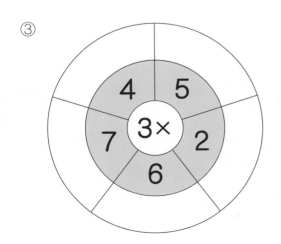

⑤
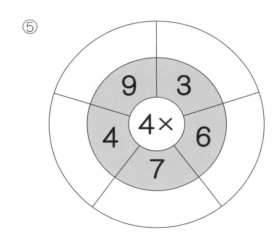

③

⑥
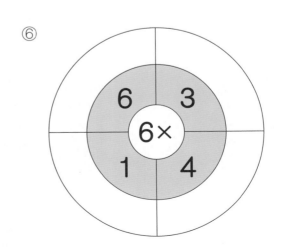

실력 체크

중간 점검

실력 체크

1-A 같은 수를 여러 번 더하기

공부한 날	월	일
걸린 시간	분	초
맞힌 개수		/10

정답: p.6

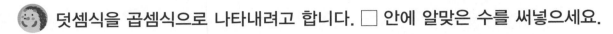

덧셈식을 곱셈식으로 나타내려고 합니다. ☐ 안에 알맞은 수를 써넣으세요.

① 2+2+2+2=8 ➡ ☐ × ☐ = ☐

② 3+3+3+3+3+3=18 ➡ ☐ × ☐ = ☐

③ 4+4+4+4=16 ➡ ☐ × ☐ = ☐

④ 4+4+4+4+4+4+4+4+4=36 ➡ ☐ × ☐ = ☐

⑤ 5+5+5=15 ➡ ☐ × ☐ = ☐

⑥ 6+6+6+6+6+6+6=42 ➡ ☐ × ☐ = ☐

⑦ 7+7+7+7+7=35 ➡ ☐ × ☐ = ☐

⑧ 8+8+8+8+8+8+8=56 ➡ ☐ × ☐ = ☐

⑨ 9+9=18 ➡ ☐ × ☐ = ☐

⑩ 9+9+9+9+9+9+9+9+9=81 ➡ ☐ × ☐ = ☐

1-B 같은 수를 여러 번 더하기

공부한 날	월	일
걸린 시간	분	초
맞힌 개수		/8

정답: p.6

덧셈식을 곱셈식으로 나타내고, 계산하세요.

① $2+2+2+2+2+2+2+2+2 = \boxed{} \times \boxed{} = \boxed{}$

② $3+3+3+3+3 = \boxed{} \times \boxed{} = \boxed{}$

③ $4+4+4+4+4+4+4 = \boxed{} \times \boxed{} = \boxed{}$

④ $5+5+5+5 = \boxed{} \times \boxed{} = \boxed{}$

⑤ $6+6 = \boxed{} \times \boxed{} = \boxed{}$

⑥ $7+7+7+7+7+7+7+7 = \boxed{} \times \boxed{} = \boxed{}$

⑦ $8+8+8 = \boxed{} \times \boxed{} = \boxed{}$

⑧ $9+9+9+9+9+9 = \boxed{} \times \boxed{} = \boxed{}$

2-A 2의 단, 5의 단, 4의 단 곱셈구구

공부한 날	월	일
걸린 시간	분	초
맞힌 개수		/27

정답: p.6

😊 곱셈을 하세요.

① $4 \times 8 =$

② $5 \times 5 =$

③ $4 \times 0 =$

④ $5 \times 6 =$

⑤ $4 \times 9 =$

⑥ $2 \times 4 =$

⑦ $4 \times 4 =$

⑧ $5 \times 3 =$

⑨ $2 \times 7 =$

⑩ $5 \times 4 =$

⑪ $2 \times 1 =$

⑫ $5 \times 8 =$

⑬ $2 \times 3 =$

⑭ $5 \times 1 =$

⑮ $4 \times 7 =$

⑯ $2 \times 5 =$

⑰ $4 \times 2 =$

⑱ $5 \times 7 =$

⑲ $4 \times 6 =$

⑳ $2 \times 9 =$

㉑ $4 \times 3 =$

㉒ $5 \times 2 =$

㉓ $4 \times 5 =$

㉔ $2 \times 6 =$

㉕ $5 \times 9 =$

㉖ $2 \times 2 =$

㉗ $2 \times 8 =$

실력 체크

2-B 2의 단, 5의 단, 4의 단 곱셈구구

공부한 날	월	일
걸린 시간	분	초
맞힌 개수		/6

정답: p.6

빈 곳에 알맞은 수를 써넣으세요.

①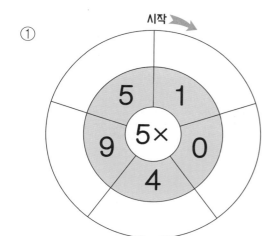

④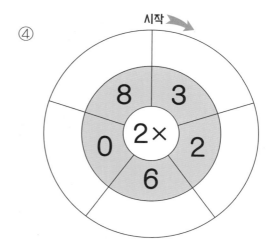

②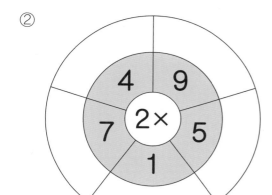

⑤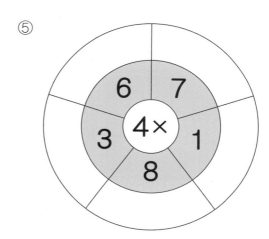

③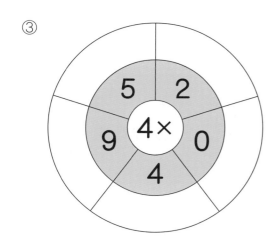

⑥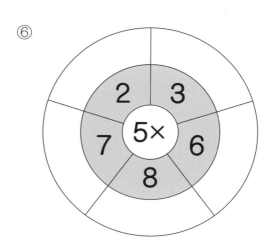

3-A 2의 단, 3의 단, 6의 단 곱셈구구

공부한 날	월	일
걸린 시간	분	초
맞힌 개수		/27

정답: p.7

 곱셈을 하세요.

① $3 \times 9 =$

② $3 \times 1 =$

③ $2 \times 7 =$

④ $3 \times 5 =$

⑤ $2 \times 3 =$

⑥ $3 \times 6 =$

⑦ $6 \times 7 =$

⑧ $2 \times 2 =$

⑨ $6 \times 3 =$

⑩ $2 \times 5 =$

⑪ $6 \times 6 =$

⑫ $2 \times 9 =$

⑬ $2 \times 4 =$

⑭ $3 \times 8 =$

⑮ $6 \times 5 =$

⑯ $3 \times 3 =$

⑰ $6 \times 0 =$

⑱ $3 \times 7 =$

⑲ $6 \times 9 =$

⑳ $2 \times 6 =$

㉑ $3 \times 2 =$

㉒ $6 \times 4 =$

㉓ $6 \times 1 =$

㉔ $2 \times 8 =$

㉕ $6 \times 2 =$

㉖ $3 \times 4 =$

㉗ $6 \times 8 =$

3-B 2의 단, 3의 단, 6의 단 곱셈구구

공부한 날	월	일
걸린 시간	분	초
맞힌 개수		/6

정답: p.7

빈 곳에 알맞은 수를 써넣으세요.

①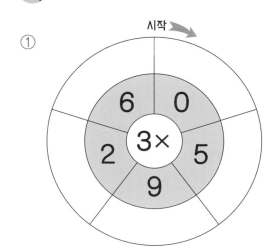

②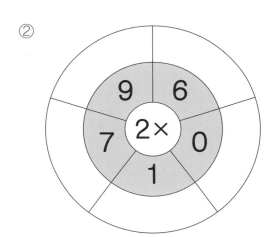

③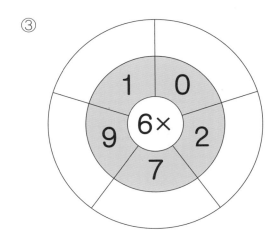

④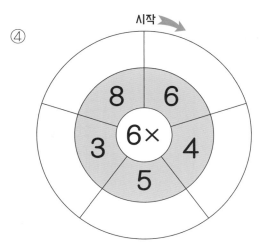

⑤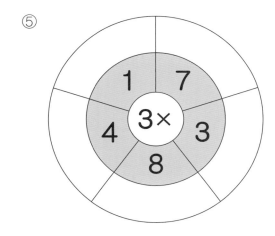

⑥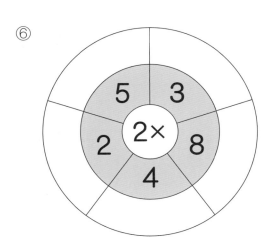

4-A 3의 단, 6의 단, 4의 단 곱셈구구

공부한 날	월	일
걸린 시간	분	초
맞힌 개수		/27

정답: p.7

😊 곱셈을 하세요.

① $4 \times 4 =$ ⑩ $3 \times 8 =$ ⑲ $6 \times 3 =$

② $6 \times 7 =$ ⑪ $4 \times 7 =$ ⑳ $3 \times 2 =$

③ $4 \times 9 =$ ⑫ $3 \times 6 =$ ㉑ $4 \times 1 =$

④ $6 \times 5 =$ ⑬ $6 \times 8 =$ ㉒ $3 \times 4 =$

⑤ $3 \times 0 =$ ⑭ $3 \times 9 =$ ㉓ $4 \times 8 =$

⑥ $4 \times 3 =$ ⑮ $6 \times 1 =$ ㉔ $6 \times 6 =$

⑦ $6 \times 4 =$ ⑯ $3 \times 7 =$ ㉕ $4 \times 5 =$

⑧ $3 \times 1 =$ ⑰ $4 \times 6 =$ ㉖ $6 \times 2 =$

⑨ $4 \times 2 =$ ⑱ $6 \times 9 =$ ㉗ $3 \times 5 =$

4-B 3의 단, 6의 단, 4의 단 곱셈구구

공부한 날	월	일
걸린 시간	분	초
맞힌 개수		/6

정답: p.7

빈 곳에 알맞은 수를 써넣으세요.

①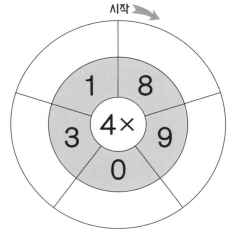

②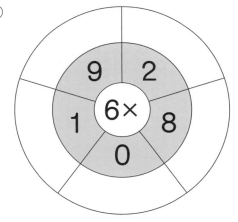

③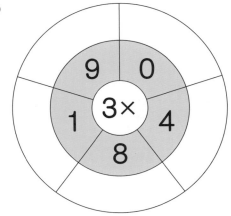

④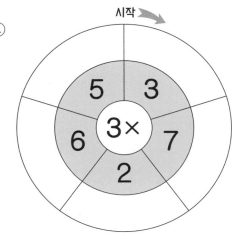

⑤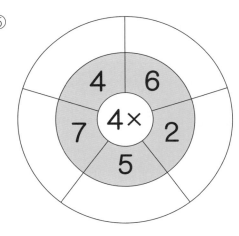

⑥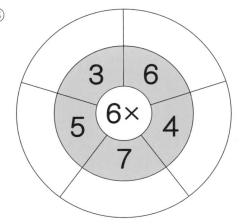

4의 단, 8의 단, 6의 단 곱셈구구

4의 단 곱셈구구

곱하는 수가 1씩 커지면 곱은 4씩 커져요.

×	1	2	3	4	5	6	7	8	9
4	4	8	12	16	20	24	28	32	36

8의 단 곱셈구구

곱하는 수가 1씩 커지면 곱은 8씩 커져요.

×	1	2	3	4	5	6	7	8	9
8	8	16	24	32	40	48	56	64	72

6의 단 곱셈구구

곱하는 수가 1씩 커지면 곱은 6씩 커져요.

×	1	2	3	4	5	6	7	8	9
6	6	12	18	24	30	36	42	48	54

곱셈표

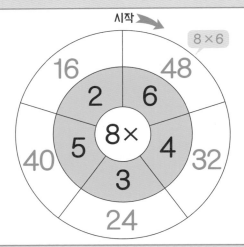

하나. 4의 단, 8의 단, 6의 단 곱셈구구를 공부합니다.

둘. 6의 단부터 아이들이 외우기 힘들어 합니다. 묶어 세기, 뛰어 세기 등의 여러 가지 방법으로
곱셈구구의 원리를 생각하며 차근차근 외울 수 있도록 지도합니다.

1

4의 단, 8의 단, 6의 단 곱셈구구

공부한 날   걸린 시간

/   분

맞힌 개수

/27

정답: p.8

🦔 곱셈을 하세요.

① $4 \times 1 =$

② $4 \times 2 =$

③ $4 \times 3 =$

④ $4 \times 4 =$

⑤ $4 \times 5 =$

⑥ $4 \times 6 =$

⑦ $4 \times 7 =$

⑧ $4 \times 8 =$

⑨ $4 \times 9 =$

⑩ $8 \times 1 =$

⑪ $8 \times 2 =$

⑫ $8 \times 3 =$

⑬ $8 \times 4 =$

⑭ $8 \times 5 =$

⑮ $8 \times 6 =$

⑯ $8 \times 7 =$

⑰ $8 \times 8 =$

⑱ $8 \times 9 =$

⑲ $6 \times 1 =$

⑳ $6 \times 2 =$

㉑ $6 \times 3 =$

㉒ $6 \times 4 =$

㉓ $6 \times 5 =$

㉔ $6 \times 6 =$

㉕ $6 \times 7 =$

㉖ $6 \times 8 =$

㉗ $6 \times 9 =$

🦔 빈 곳에 알맞은 수를 써넣으세요.

① 시작 ➡ 4×2
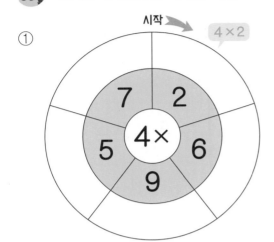

④ 시작 ➡ 6×4
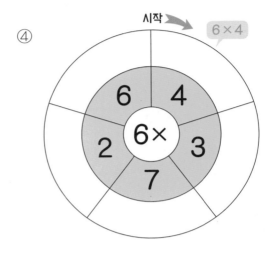

②
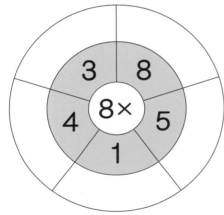

⑤
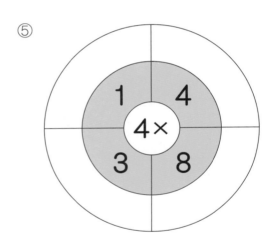

③
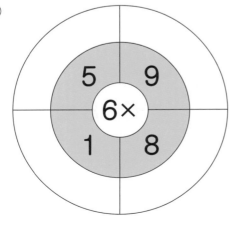

⑥
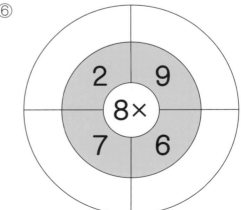

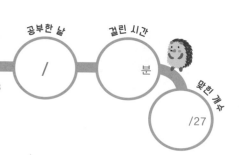

🦔 곱셈을 하세요.

① $4 \times 1 =$ ⑩ $4 \times 4 =$ ⑲ $4 \times 7 =$

② $4 \times 2 =$ ⑪ $4 \times 5 =$ ⑳ $4 \times 8 =$

③ $4 \times 3 =$ ⑫ $4 \times 6 =$ ㉑ $4 \times 9 =$

④ $8 \times 1 =$ ⑬ $8 \times 4 =$ ㉒ $8 \times 7 =$

⑤ $8 \times 2 =$ ⑭ $8 \times 5 =$ ㉓ $8 \times 8 =$

⑥ $8 \times 3 =$ ⑮ $8 \times 6 =$ ㉔ $8 \times 9 =$

⑦ $6 \times 1 =$ ⑯ $6 \times 4 =$ ㉕ $6 \times 7 =$

⑧ $6 \times 2 =$ ⑰ $6 \times 5 =$ ㉖ $6 \times 8 =$

⑨ $6 \times 3 =$ ⑱ $6 \times 6 =$ ㉗ $6 \times 9 =$

4의 단, 8의 단, 6의 단 곱셈구구

공부한 날   걸린 시간

/   분

정답: p.8

맞힌 개수

/6

🦔 빈 곳에 알맞은 수를 써넣으세요.

①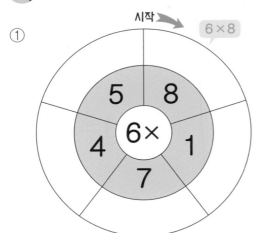

시작 ➤   6×8

5 8
6×
4   1
7

④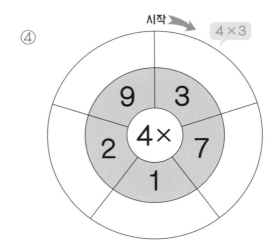

시작 ➤   4×3

9 3
4×
2   7
1

②
2 4
8×
5   6
9

⑤
6   2
6×
3   9

③
8   5
4×
6   4

⑥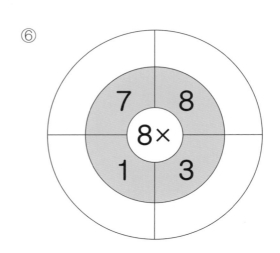
7   8
8×
1   3

5

4의 단, 8의 단, 6의 단 곱셈구구

공부한 날

걸린 시간

/

분

맞힌 개수

/27

정답: p.8

곱셈을 하세요.

① $4 \times 0 =$

② $4 \times 3 =$

③ $4 \times 6 =$

④ $8 \times 0 =$

⑤ $8 \times 3 =$

⑥ $8 \times 6 =$

⑦ $6 \times 0 =$

⑧ $6 \times 3 =$

⑨ $6 \times 7 =$

⑩ $4 \times 1 =$

⑪ $4 \times 4 =$

⑫ $4 \times 8 =$

⑬ $8 \times 1 =$

⑭ $8 \times 4 =$

⑮ $8 \times 7 =$

⑯ $6 \times 1 =$

⑰ $6 \times 4 =$

⑱ $6 \times 8 =$

⑲ $4 \times 2 =$

⑳ $4 \times 5 =$

㉑ $4 \times 9 =$

㉒ $8 \times 2 =$

㉓ $8 \times 5 =$

㉔ $8 \times 8 =$

㉕ $6 \times 2 =$

㉖ $6 \times 5 =$

㉗ $6 \times 9 =$

빈 곳에 알맞은 수를 써넣으세요.

①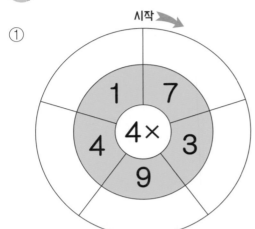

④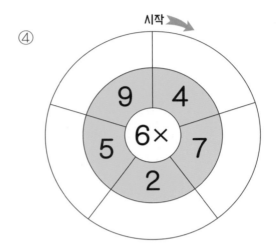

②

⑤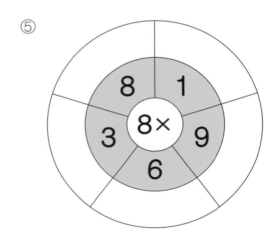

③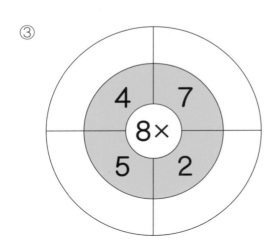

⑥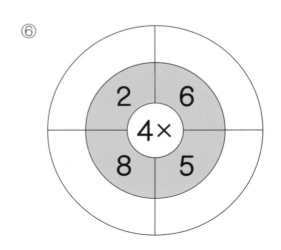

7

4의 단, 8의 단, 6의 단 곱셈구구

공부한 날

걸린 시간

/

분

맞힌 개수

/27

정답: p.8

 곱셈을 하세요.

① $4 \times 0 =$

⑩ $4 \times 1 =$

⑲ $4 \times 2 =$

② $4 \times 4 =$

⑪ $4 \times 5 =$

⑳ $4 \times 6 =$

③ $4 \times 7 =$

⑫ $4 \times 8 =$

㉑ $4 \times 9 =$

④ $8 \times 0 =$

⑬ $8 \times 2 =$

㉒ $8 \times 3 =$

⑤ $8 \times 4 =$

⑭ $8 \times 5 =$

㉓ $8 \times 6 =$

⑥ $8 \times 7 =$

⑮ $8 \times 8 =$

㉔ $8 \times 9 =$

⑦ $6 \times 0 =$

⑯ $6 \times 1 =$

㉕ $6 \times 3 =$

⑧ $6 \times 4 =$

⑰ $6 \times 5 =$

㉖ $6 \times 6 =$

⑨ $6 \times 7 =$

⑱ $6 \times 8 =$

㉗ $6 \times 9 =$

빈 곳에 알맞은 수를 써넣으세요.

① 시작

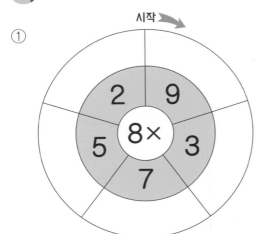

④ 시작

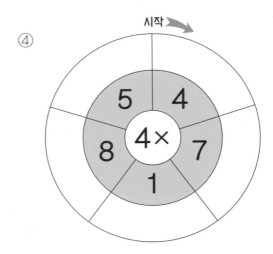

②

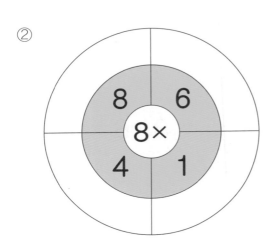

⑤

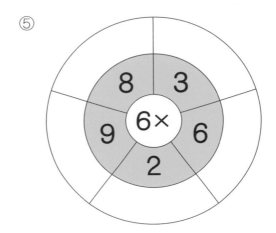

③

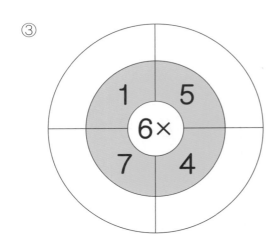

⑥

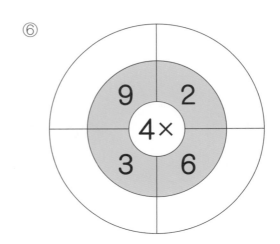

무료 동영상강의로
개념을 쉽게 배워보세요!

5의 단, 7의 단, 9의 단 곱셈구구

5의 단 곱셈구구

곱하는 수가 1씩 커지면 곱은 5씩 커져요.

×	1	2	3	4	5	6	7	8	9
5	5	10	15	20	25	30	35	40	45

7의 단 곱셈구구

곱하는 수가 1씩 커지면 곱은 7씩 커져요.

×	1	2	3	4	5	6	7	8	9
7	7	14	21	28	35	42	49	56	63

9의 단 곱셈구구

곱하는 수가 1씩 커지면 곱은 9씩 커져요.

×	1	2	3	4	5	6	7	8	9
9	9	18	27	36	45	54	63	72	81

곱셈표

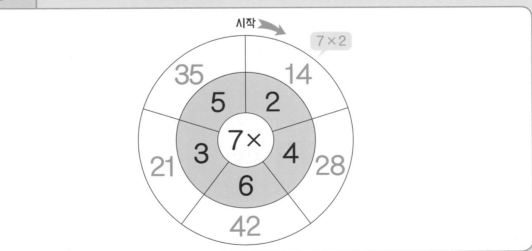

학습 포인트

하나. 5의 단, 7의 단, 9의 단 곱셈구구를 공부합니다.

둘. 곱셈의 교환법칙을 이용하여 9의 단을 쉽게 외울 수 있도록 지도합니다.

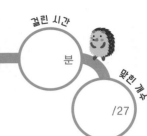

곱셈을 하세요.

① $5 \times 1 =$

② $5 \times 2 =$

③ $5 \times 3 =$

④ $5 \times 4 =$

⑤ $5 \times 5 =$

⑥ $5 \times 6 =$

⑦ $5 \times 7 =$

⑧ $5 \times 8 =$

⑨ $5 \times 9 =$

⑩ $7 \times 1 =$

⑪ $7 \times 2 =$

⑫ $7 \times 3 =$

⑬ $7 \times 4 =$

⑭ $7 \times 5 =$

⑮ $7 \times 6 =$

⑯ $7 \times 7 =$

⑰ $7 \times 8 =$

⑱ $7 \times 9 =$

⑲ $9 \times 1 =$

⑳ $9 \times 2 =$

㉑ $9 \times 3 =$

㉒ $9 \times 4 =$

㉓ $9 \times 5 =$

㉔ $9 \times 6 =$

㉕ $9 \times 7 =$

㉖ $9 \times 8 =$

㉗ $9 \times 9 =$

🦔 빈 곳에 알맞은 수를 써넣으세요.

①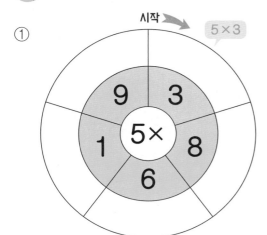

④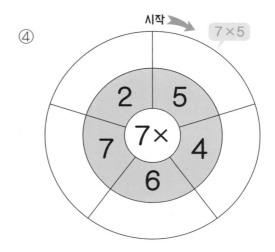

②

⑤

③

⑥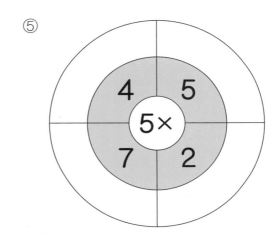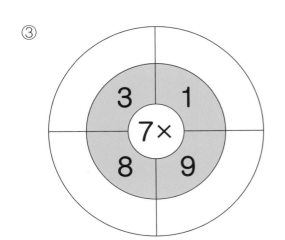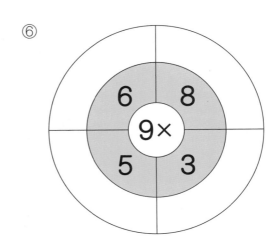

3 5의 단, 7의 단, 9의 단 곱셈구구

공부한 날
/

걸린 시간
분

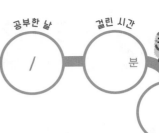

맞힌 개수
/27

정답: p.9

곱셈을 하세요.

① 5×1=

② 5×2=

③ 5×3=

④ 7×1=

⑤ 7×2=

⑥ 7×3=

⑦ 9×1=

⑧ 9×2=

⑨ 9×3=

⑩ 5×4=

⑪ 5×5=

⑫ 5×6=

⑬ 7×4=

⑭ 7×5=

⑮ 7×6=

⑯ 9×4=

⑰ 9×5=

⑱ 9×6=

⑲ 5×7=

⑳ 5×8=

㉑ 5×9=

㉒ 7×7=

㉓ 7×8=

㉔ 7×9=

㉕ 9×7=

㉖ 9×8=

㉗ 9×9=

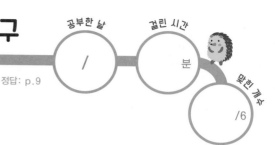
빈 곳에 알맞은 수를 써넣으세요.

①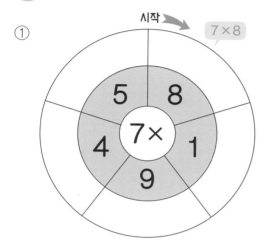

시작 ▶ 7×8

④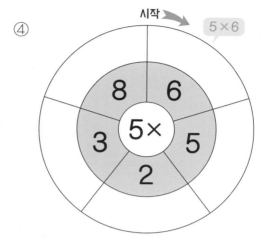

시작 ▶ 5×6

②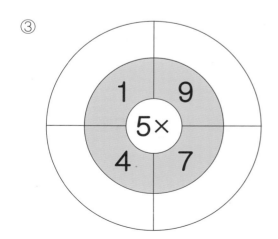

⑤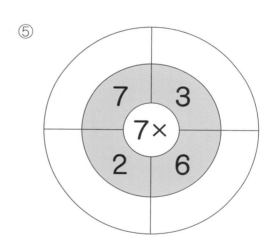

③

⑥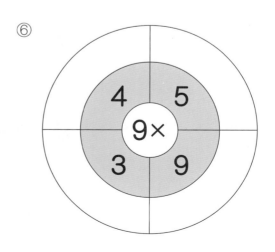

5

5의 단, 7의 단, 9의 단 곱셈구구

공부한 날
/

걸린 시간
분

맞힌 개수
/27

정답: p.9

🦔 곱셈을 하세요.

① 5×0=

② 5×3=

③ 5×6=

④ 7×0=

⑤ 7×3=

⑥ 7×7=

⑦ 9×0=

⑧ 9×3=

⑨ 9×6=

⑩ 5×1=

⑪ 5×4=

⑫ 5×7=

⑬ 7×1=

⑭ 7×4=

⑮ 7×8=

⑯ 9×1=

⑰ 9×4=

⑱ 9×7=

⑲ 5×2=

⑳ 5×5=

㉑ 5×9=

㉒ 7×2=

㉓ 7×6=

㉔ 7×9=

㉕ 9×2=

㉖ 9×5=

㉗ 9×8=

빈 곳에 알맞은 수를 써넣으세요.

①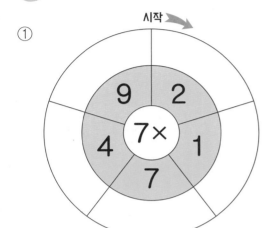

④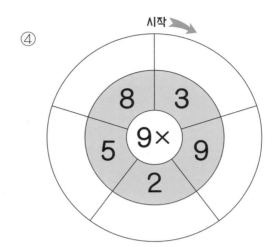

②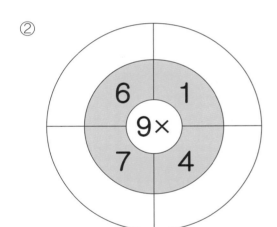

⑤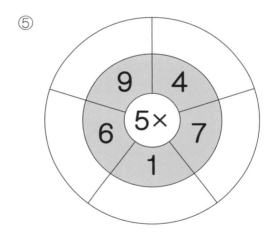

③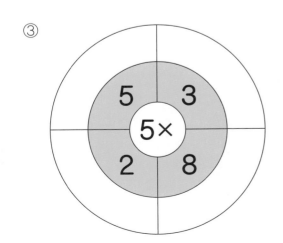

⑥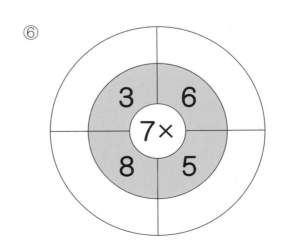

정답: p.9

곱셈을 하세요.

① 5×0=

② 5×4=

③ 5×7=

④ 7×0=

⑤ 7×3=

⑥ 7×7=

⑦ 9×0=

⑧ 9×4=

⑨ 9×7=

⑩ 5×1=

⑪ 5×5=

⑫ 5×8=

⑬ 7×1=

⑭ 7×5=

⑮ 7×8=

⑯ 9×1=

⑰ 9×5=

⑱ 9×8=

⑲ 5×2=

⑳ 5×6=

㉑ 5×9=

㉒ 7×2=

㉓ 7×6=

㉔ 7×9=

㉕ 9×3=

㉖ 9×6=

㉗ 9×9=

빈 곳에 알맞은 수를 써넣으세요.

① 시작 ➜
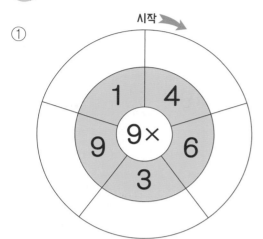

④ 시작 ➜
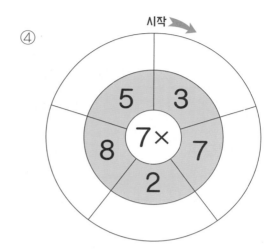

②
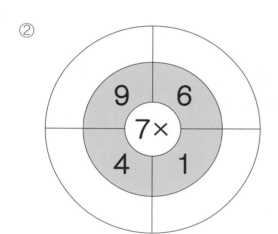

⑤
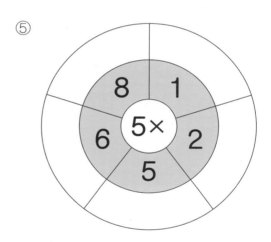

③
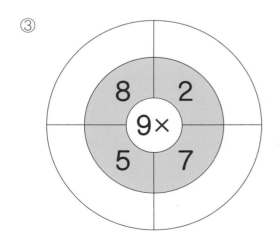

⑥
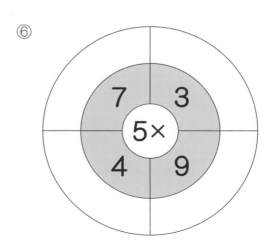

7의 단, 8의 단, 9의 단 곱셈구구

✏ 7의 단 곱셈구구

곱하는 수가 1씩 커지면 곱은 7씩 커져요.

×	1	2	3	4	5	6	7	8	9
7	7	14	21	28	35	42	49	56	63

✏ 8의 단 곱셈구구

곱하는 수가 1씩 커지면 곱은 8씩 커져요.

×	1	2	3	4	5	6	7	8	9
8	8	16	24	32	40	48	56	64	72

✏ 9의 단 곱셈구구

곱하는 수가 1씩 커지면 곱은 9씩 커져요.

×	1	2	3	4	5	6	7	8	9
9	9	18	27	36	45	54	63	72	81

곱셈표

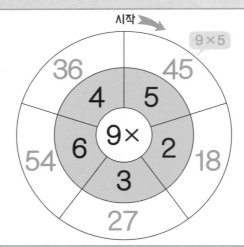

하나. 7의 단, 8의 단, 9의 단 곱셈구구를 공부합니다.

둘. 여러 번 더하는 계산 방법의 불편함을 느끼고 곱셈구구의 필요성을 알게 하며 곱셈구구를 외워 곱셈을 빠르고 정확하게 계산하도록 합니다.

7의 단, 8의 단, 9의 단 곱셈구구

공부한 날

/

걸린 시간

분

맞힌 개수

/27

정답: p.10

 곱셈을 하세요.

① 7×1=

② 7×2=

③ 7×3=

④ 7×4=

⑤ 7×5=

⑥ 7×6=

⑦ 7×7=

⑧ 7×8=

⑨ 7×9=

⑩ 8×1=

⑪ 8×2=

⑫ 8×3=

⑬ 8×4=

⑭ 8×5=

⑮ 8×6=

⑯ 8×7=

⑰ 8×8=

⑱ 8×9=

⑲ 9×1=

⑳ 9×2=

㉑ 9×3=

㉒ 9×4=

㉓ 9×5=

㉔ 9×6=

㉕ 9×7=

㉖ 9×8=

㉗ 9×9=

빈 곳에 알맞은 수를 써넣으세요.

①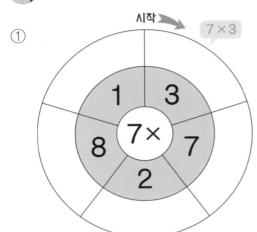

④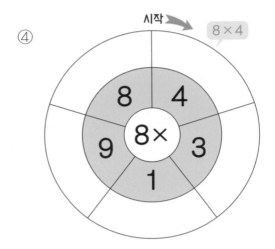

②

⑤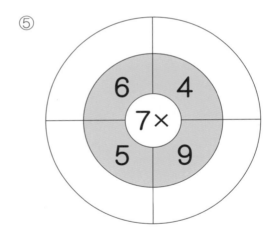

③

⑥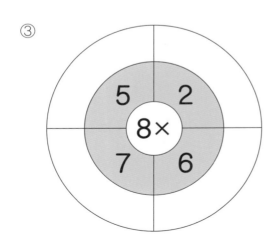

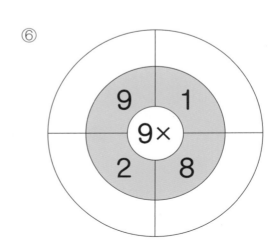

3

7의 단, 8의 단, 9의 단 곱셈구구

공부한 날
/

걸린 시간
분

맞힌 개수
/27

정답: p.10

🦔 곱셈을 하세요.

① $7 \times 1 =$

② $7 \times 2 =$

③ $7 \times 3 =$

④ $8 \times 1 =$

⑤ $8 \times 2 =$

⑥ $8 \times 3 =$

⑦ $9 \times 1 =$

⑧ $9 \times 2 =$

⑨ $9 \times 3 =$

⑩ $7 \times 4 =$

⑪ $7 \times 5 =$

⑫ $7 \times 6 =$

⑬ $8 \times 4 =$

⑭ $8 \times 5 =$

⑮ $8 \times 6 =$

⑯ $9 \times 4 =$

⑰ $9 \times 5 =$

⑱ $9 \times 6 =$

⑲ $7 \times 7 =$

⑳ $7 \times 8 =$

㉑ $7 \times 9 =$

㉒ $8 \times 7 =$

㉓ $8 \times 8 =$

㉔ $8 \times 9 =$

㉕ $9 \times 7 =$

㉖ $9 \times 8 =$

㉗ $9 \times 9 =$

빈 곳에 알맞은 수를 써넣으세요.

① 시작 ➡ 8×9
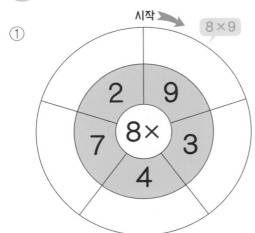

④ 시작 ➡ 9×7
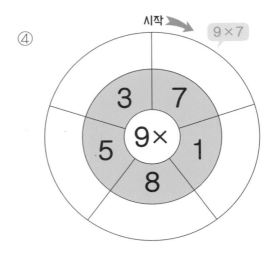

⑤
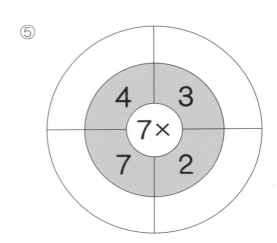

②

③
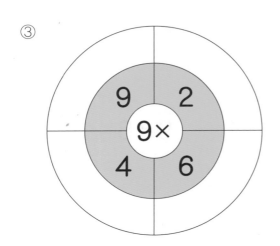

⑥
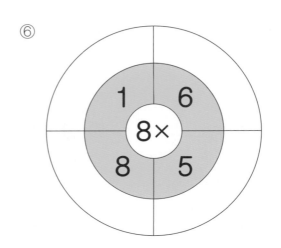

 곱셈을 하세요.

① 7×0=

② 7×3=

③ 7×6=

④ 8×0=

⑤ 8×3=

⑥ 8×7=

⑦ 9×0=

⑧ 9×3=

⑨ 9×6=

⑩ 7×1=

⑪ 7×4=

⑫ 7×7=

⑬ 8×1=

⑭ 8×4=

⑮ 8×8=

⑯ 9×1=

⑰ 9×4=

⑱ 9×7=

⑲ 7×2=

⑳ 7×5=

㉑ 7×9=

㉒ 8×2=

㉓ 8×5=

㉔ 8×9=

㉕ 9×2=

㉖ 9×5=

㉗ 9×8=

정답: p.10

🦔 빈 곳에 알맞은 수를 써넣으세요.

① 시작 ➤
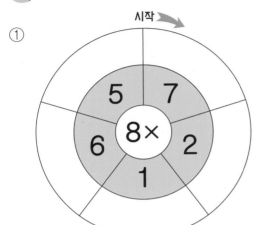

④ 시작 ➤
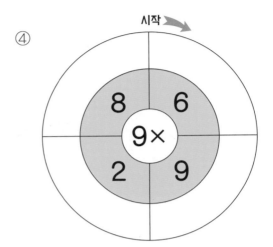

②
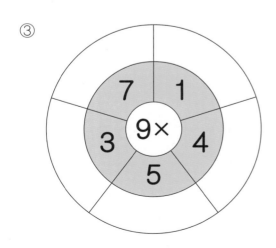

⑤
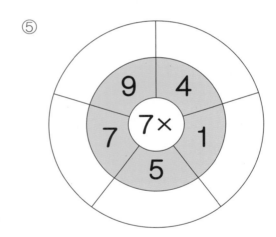

③
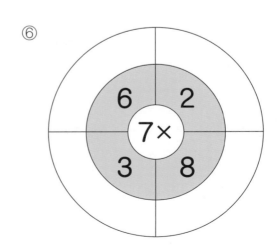

⑥

7

7의 단, 8의 단, 9의 단 곱셈구구

공부한 날
/

걸린 시간
분

맞힌 개수
/27

정답: p.10

 곱셈을 하세요.

① $7 \times 0 =$

② $7 \times 4 =$

③ $7 \times 7 =$

④ $8 \times 0 =$

⑤ $8 \times 4 =$

⑥ $8 \times 7 =$

⑦ $9 \times 0 =$

⑧ $9 \times 4 =$

⑨ $9 \times 7 =$

⑩ $7 \times 2 =$

⑪ $7 \times 5 =$

⑫ $7 \times 8 =$

⑬ $8 \times 1 =$

⑭ $8 \times 5 =$

⑮ $8 \times 8 =$

⑯ $9 \times 1 =$

⑰ $9 \times 5 =$

⑱ $9 \times 8 =$

⑲ $7 \times 3 =$

⑳ $7 \times 6 =$

㉑ $7 \times 9 =$

㉒ $8 \times 2 =$

㉓ $8 \times 6 =$

㉔ $8 \times 9 =$

㉕ $9 \times 3 =$

㉖ $9 \times 6 =$

㉗ $9 \times 9 =$

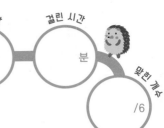
빈 곳에 알맞은 수를 써넣으세요.

①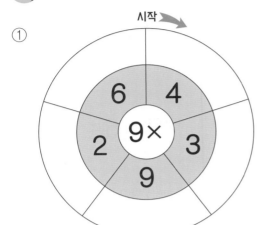

④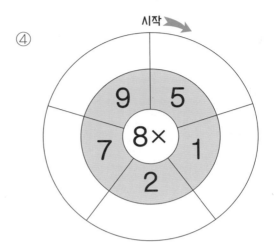

②

⑤

③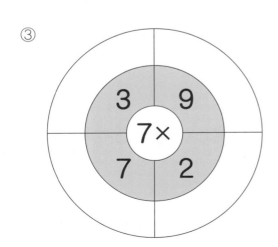

⑥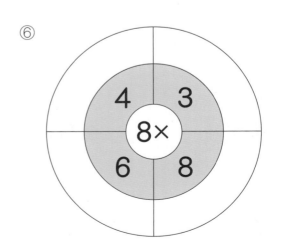

8 곱셈구구

✏️ 곱셈구구

곱셈에서는 두 수를 바꾸어 곱해도 그 곱은 같아요.

$$7 \times \boxed{5} = 35$$

$$\boxed{5} \times 7 = 35$$

그렇기 때문에 □×7은 7×□로 생각하여 7의 단 곱셈구구를 외워서
□ 안에 들어갈 알맞은 수를 구할 수 있어요.

□ 안에 알맞은 수 구하기

$$4 \times \boxed{8} = 32$$
└▶ 4의 단
   곱셈구구 외우기

$$\boxed{5} \times 9 = 45$$
└▶ 9의 단
   곱셈구구 외우기

곱셈구구표

×	2	3	4
5	10	15	20
6	12	18	24
7	14	21	28

하나. 곱셈의 교환법칙을 이해하고 □ 안에 알맞은 수 구하기를 공부합니다.

둘. 곱셈구구의 구성 원리를 이해하며 곱셈구구표를 공부합니다.

 □ 안에 알맞은 수를 써넣으세요.

① 2 × ☐ = 2

② 2 × ☐ = 4

③ 2 × ☐ = 6

④ 2 × ☐ = 8

⑤ 2 × ☐ = 12

⑥ 2 × ☐ = 14

⑦ 2 × ☐ = 16

⑧ 3 × ☐ = 6

⑨ 3 × ☐ = 12

⑩ 3 × ☐ = 15

⑪ 3 × ☐ = 18

⑫ 3 × ☐ = 21

⑬ 3 × ☐ = 24

⑭ 3 × ☐ = 27

⑮ 4 × ☐ = 4

⑯ 4 × ☐ = 8

⑰ 4 × ☐ = 12

⑱ 4 × ☐ = 20

⑲ 4 × ☐ = 24

⑳ 4 × ☐ = 28

㉑ 4 × ☐ = 36

㉒ 5 × ☐ = 5

㉓ 5 × ☐ = 10

㉔ 5 × ☐ = 15

㉕ 5 × ☐ = 20

㉖ 5 × ☐ = 25

㉗ 5 × ☐ = 35

2 곱셈구구

공부한 날
/

걸린 시간
분

맞힌 개수
/27

정답: p.11

□ 안에 알맞은 수를 써넣으세요.

① $\boxed{} \times 2 = 4$

② $\boxed{} \times 3 = 12$

③ $\boxed{} \times 4 = 20$

④ $\boxed{} \times 3 = 9$

⑤ $\boxed{} \times 2 = 14$

⑥ $\boxed{} \times 5 = 20$

⑦ $\boxed{} \times 3 = 24$

⑧ $\boxed{} \times 5 = 10$

⑨ $\boxed{} \times 3 = 21$

⑩ $\boxed{} \times 4 = 28$

⑪ $\boxed{} \times 2 = 16$

⑫ $\boxed{} \times 5 = 15$

⑬ $\boxed{} \times 3 = 3$

⑭ $\boxed{} \times 4 = 8$

⑮ $\boxed{} \times 5 = 40$

⑯ $\boxed{} \times 4 = 24$

⑰ $\boxed{} \times 2 = 18$

⑱ $\boxed{} \times 5 = 25$

⑲ $\boxed{} \times 4 = 16$

⑳ $\boxed{} \times 5 = 30$

㉑ $\boxed{} \times 4 = 32$

㉒ $\boxed{} \times 2 = 10$

㉓ $\boxed{} \times 4 = 36$

㉔ $\boxed{} \times 2 = 8$

㉕ $\boxed{} \times 5 = 35$

㉖ $\boxed{} \times 3 = 18$

㉗ $\boxed{} \times 2 = 6$

공부한 날

걸린 시간

분

맞힌 개수

/27

정답: p.11

 □ 안에 알맞은 수를 써넣으세요.

① $2 \times \boxed{} = 6$

② $2 \times \boxed{} = 8$

③ $2 \times \boxed{} = 10$

④ $2 \times \boxed{} = 14$

⑤ $2 \times \boxed{} = 18$

⑥ $3 \times \boxed{} = 3$

⑦ $3 \times \boxed{} = 9$

⑧ $3 \times \boxed{} = 12$

⑨ $3 \times \boxed{} = 15$

⑩ $3 \times \boxed{} = 18$

⑪ $3 \times \boxed{} = 21$

⑫ $3 \times \boxed{} = 24$

⑬ $4 \times \boxed{} = 4$

⑭ $4 \times \boxed{} = 8$

⑮ $4 \times \boxed{} = 16$

⑯ $4 \times \boxed{} = 20$

⑰ $4 \times \boxed{} = 24$

⑱ $4 \times \boxed{} = 28$

⑲ $4 \times \boxed{} = 32$

⑳ $4 \times \boxed{} = 36$

㉑ $5 \times \boxed{} = 10$

㉒ $5 \times \boxed{} = 15$

㉓ $5 \times \boxed{} = 25$

㉔ $5 \times \boxed{} = 30$

㉕ $5 \times \boxed{} = 35$

㉖ $5 \times \boxed{} = 40$

㉗ $5 \times \boxed{} = 45$

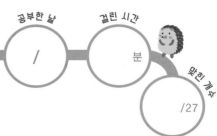

 □ 안에 알맞은 수를 써넣으세요.

① □ × 4 = 12

② □ × 2 = 6

③ □ × 3 = 27

④ □ × 5 = 10

⑤ □ × 3 = 18

⑥ □ × 4 = 36

⑦ □ × 3 = 12

⑧ □ × 4 = 28

⑨ □ × 2 = 2

⑩ □ × 3 = 21

⑪ □ × 5 = 40

⑫ □ × 2 = 12

⑬ □ × 5 = 25

⑭ □ × 4 = 16

⑮ □ × 2 = 16

⑯ □ × 5 = 45

⑰ □ × 4 = 32

⑱ □ × 3 = 15

⑲ □ × 4 = 20

⑳ □ × 2 = 10

㉑ □ × 3 = 24

㉒ □ × 5 = 15

㉓ □ × 2 = 18

㉔ □ × 3 = 6

㉕ □ × 4 = 24

㉖ □ × 5 = 20

㉗ □ × 5 = 35

5 곱셈구구

공부한 날

걸린 시간

/

분

맞힌 개수

/27

정답: p.11

□ 안에 알맞은 수를 써넣으세요.

① $6 \times \boxed{} = 6$

② $6 \times \boxed{} = 12$

③ $6 \times \boxed{} = 24$

④ $6 \times \boxed{} = 30$

⑤ $6 \times \boxed{} = 36$

⑥ $6 \times \boxed{} = 48$

⑦ $6 \times \boxed{} = 54$

⑧ $7 \times \boxed{} = 7$

⑨ $7 \times \boxed{} = 14$

⑩ $7 \times \boxed{} = 21$

⑪ $7 \times \boxed{} = 28$

⑫ $7 \times \boxed{} = 42$

⑬ $7 \times \boxed{} = 49$

⑭ $7 \times \boxed{} = 56$

⑮ $8 \times \boxed{} = 16$

⑯ $8 \times \boxed{} = 24$

⑰ $8 \times \boxed{} = 32$

⑱ $8 \times \boxed{} = 40$

⑲ $8 \times \boxed{} = 56$

⑳ $8 \times \boxed{} = 72$

㉑ $9 \times \boxed{} = 9$

㉒ $9 \times \boxed{} = 18$

㉓ $9 \times \boxed{} = 27$

㉔ $9 \times \boxed{} = 45$

㉕ $9 \times \boxed{} = 54$

㉖ $9 \times \boxed{} = 63$

㉗ $9 \times \boxed{} = 72$

 □ 안에 알맞은 수를 써넣으세요.

① □ ×6=12

② □ ×7=42

③ □ ×9=45

④ □ ×6=18

⑤ □ ×9=54

⑥ □ ×8=32

⑦ □ ×7=49

⑧ □ ×8=24

⑨ □ ×7=35

⑩ □ ×7=28

⑪ □ ×7=21

⑫ □ ×9=72

⑬ □ ×8=48

⑭ □ ×7=63

⑮ □ ×7=56

⑯ □ ×6=30

⑰ □ ×9=81

⑱ □ ×8=16

⑲ □ ×6=36

⑳ □ ×8=40

㉑ □ ×6=54

㉒ □ ×9=27

㉓ □ ×8=64

㉔ □ ×9=36

㉕ □ ×8=72

㉖ □ ×6=42

㉗ □ ×9=63

7 곱셈구구

공부한 날
/

걸린 시간
분

맞힌 개수
/27

정답: p.11

🦔 □ 안에 알맞은 수를 써넣으세요.

① $6 \times \boxed{} = 6$

② $6 \times \boxed{} = 18$

③ $6 \times \boxed{} = 30$

④ $6 \times \boxed{} = 42$

⑤ $6 \times \boxed{} = 48$

⑥ $6 \times \boxed{} = 54$

⑦ $7 \times \boxed{} = 14$

⑧ $7 \times \boxed{} = 21$

⑨ $7 \times \boxed{} = 28$

⑩ $7 \times \boxed{} = 42$

⑪ $7 \times \boxed{} = 49$

⑫ $7 \times \boxed{} = 56$

⑬ $7 \times \boxed{} = 63$

⑭ $8 \times \boxed{} = 8$

⑮ $8 \times \boxed{} = 24$

⑯ $8 \times \boxed{} = 32$

⑰ $8 \times \boxed{} = 40$

⑱ $8 \times \boxed{} = 48$

⑲ $8 \times \boxed{} = 64$

⑳ $8 \times \boxed{} = 72$

㉑ $9 \times \boxed{} = 18$

㉒ $9 \times \boxed{} = 36$

㉓ $9 \times \boxed{} = 45$

㉔ $9 \times \boxed{} = 54$

㉕ $9 \times \boxed{} = 63$

㉖ $9 \times \boxed{} = 72$

㉗ $9 \times \boxed{} = 81$

8 곱셈구구

공부한 날
/

걸린 시간
분

맞힌 개수
/27

정답: p.11

 □ 안에 알맞은 수를 써넣으세요.

① $\boxed{} \times 6 = 12$

② $\boxed{} \times 8 = 48$

③ $\boxed{} \times 9 = 63$

④ $\boxed{} \times 6 = 24$

⑤ $\boxed{} \times 6 = 48$

⑥ $\boxed{} \times 9 = 72$

⑦ $\boxed{} \times 6 = 18$

⑧ $\boxed{} \times 8 = 64$

⑨ $\boxed{} \times 7 = 49$

⑩ $\boxed{} \times 7 = 35$

⑪ $\boxed{} \times 6 = 54$

⑫ $\boxed{} \times 9 = 18$

⑬ $\boxed{} \times 7 = 14$

⑭ $\boxed{} \times 8 = 16$

⑮ $\boxed{} \times 7 = 21$

⑯ $\boxed{} \times 9 = 27$

⑰ $\boxed{} \times 8 = 56$

⑱ $\boxed{} \times 9 = 54$

⑲ $\boxed{} \times 7 = 56$

⑳ $\boxed{} \times 9 = 45$

㉑ $\boxed{} \times 7 = 42$

㉒ $\boxed{} \times 8 = 32$

㉓ $\boxed{} \times 7 = 63$

㉔ $\boxed{} \times 8 = 40$

㉕ $\boxed{} \times 6 = 42$

㉖ $\boxed{} \times 8 = 72$

㉗ $\boxed{} \times 6 = 36$

실력 체크

최종 점검

5-A 4의 단, 8의 단, 6의 단 곱셈구구

공부한 날	월	일
걸린 시간	분	초
맞힌 개수		/27

정답: p.12

곱셈을 하세요.

① $4 \times 4 =$

② $6 \times 7 =$

③ $4 \times 3 =$

④ $8 \times 1 =$

⑤ $4 \times 9 =$

⑥ $6 \times 1 =$

⑦ $4 \times 2 =$

⑧ $6 \times 8 =$

⑨ $4 \times 8 =$

⑩ $8 \times 6 =$

⑪ $4 \times 5 =$

⑫ $8 \times 7 =$

⑬ $6 \times 6 =$

⑭ $8 \times 5 =$

⑮ $4 \times 0 =$

⑯ $8 \times 4 =$

⑰ $8 \times 9 =$

⑱ $6 \times 2 =$

⑲ $6 \times 3 =$

⑳ $8 \times 8 =$

㉑ $6 \times 9 =$

㉒ $4 \times 7 =$

㉓ $6 \times 4 =$

㉔ $8 \times 3 =$

㉕ $6 \times 5 =$

㉖ $4 \times 6 =$

㉗ $8 \times 2 =$

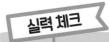

5-B 4의 단, 8의 단, 6의 단 곱셈구구

공부한 날	월	일
걸린 시간	분	초
맞힌 개수		/6

정답: p.12

 빈 곳에 알맞은 수를 써넣으세요.

①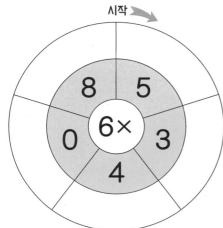

④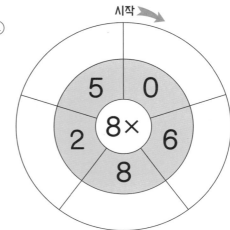

②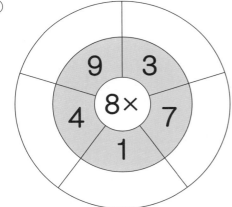

⑤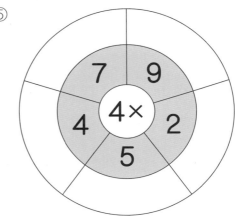

③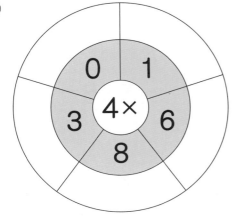

⑥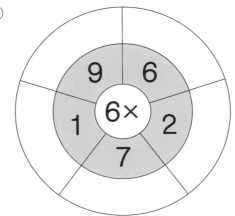

실력 체크

6-A 5의 단, 7의 단, 9의 단 곱셈구구

공부한 날	월	일
걸린 시간	분	초
맞힌 개수		/27

정답: p.12

 곱셈을 하세요.

① $7 \times 4 =$

② $9 \times 8 =$

③ $5 \times 0 =$

④ $7 \times 7 =$

⑤ $9 \times 1 =$

⑥ $5 \times 3 =$

⑦ $7 \times 2 =$

⑧ $9 \times 5 =$

⑨ $5 \times 7 =$

⑩ $5 \times 2 =$

⑪ $7 \times 6 =$

⑫ $9 \times 4 =$

⑬ $5 \times 6 =$

⑭ $7 \times 5 =$

⑮ $9 \times 2 =$

⑯ $5 \times 9 =$

⑰ $7 \times 8 =$

⑱ $9 \times 9 =$

⑲ $9 \times 3 =$

⑳ $5 \times 1 =$

㉑ $7 \times 3 =$

㉒ $9 \times 7 =$

㉓ $5 \times 8 =$

㉔ $7 \times 9 =$

㉕ $9 \times 6 =$

㉖ $5 \times 5 =$

㉗ $7 \times 1 =$

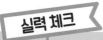

6-B 5의 단, 7의 단, 9의 단 곱셈구구

공부한 날	월	일
걸린 시간	분	초
맞힌 개수		/6

정답: p.12

👧 빈 곳에 알맞은 수를 써넣으세요.

①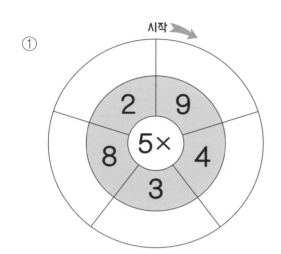

②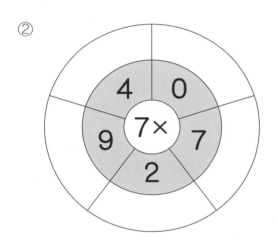

③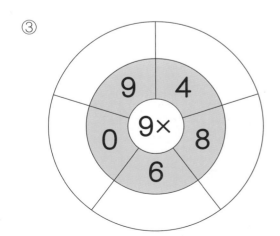

④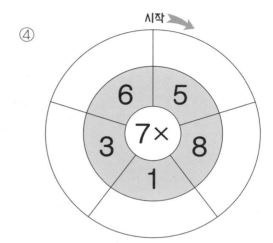

⑤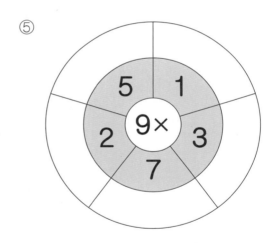

⑥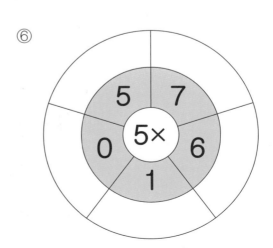

7-A 7의 단, 8의 단, 9의 단 곱셈구구

공부한 날	월	일
걸린 시간	분	초
맞힌 개수		/27

정답: p.13

😊 곱셈을 하세요.

① 8×9=

② 9×5=

③ 7×9=

④ 8×0=

⑤ 9×3=

⑥ 7×6=

⑦ 8×8=

⑧ 9×7=

⑨ 7×1=

⑩ 7×3=

⑪ 8×4=

⑫ 9×2=

⑬ 7×7=

⑭ 8×2=

⑮ 9×1=

⑯ 7×2=

⑰ 8×5=

⑱ 9×4=

⑲ 9×6=

⑳ 7×8=

㉑ 8×1=

㉒ 9×8=

㉓ 7×5=

㉔ 8×7=

㉕ 9×9=

㉖ 7×4=

㉗ 8×3=

7의 단, 8의 단, 9의 단 곱셈구구

공부한 날	월	일
걸린 시간	분	초
맞힌 개수		/6

정답: p.13

 빈 곳에 알맞은 수를 써넣으세요.

①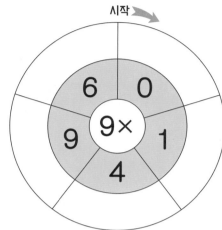

④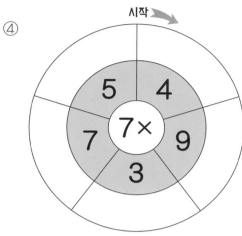

②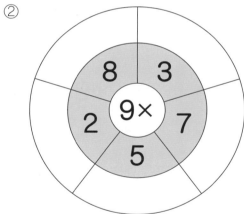

⑤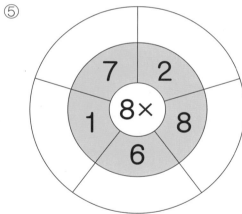

③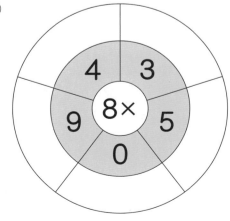

⑥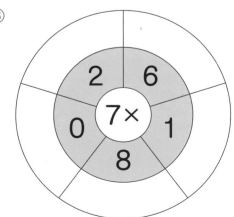

8-A 곱셈구구

공부한 날	월	일
걸린 시간	분	초
맞힌 개수		/27

정답: p.13

 □ 안에 알맞은 수를 써넣으세요.

① $\boxed{} \times 2 = 4$

② $\boxed{} \times 6 = 30$

③ $6 \times \boxed{} = 24$

④ $\boxed{} \times 2 = 14$

⑤ $3 \times \boxed{} = 15$

⑥ $\boxed{} \times 6 = 54$

⑦ $7 \times \boxed{} = 35$

⑧ $\boxed{} \times 4 = 8$

⑨ $5 \times \boxed{} = 5$

⑩ $7 \times \boxed{} = 56$

⑪ $\boxed{} \times 5 = 20$

⑫ $\boxed{} \times 8 = 24$

⑬ $6 \times \boxed{} = 12$

⑭ $9 \times \boxed{} = 36$

⑮ $\boxed{} \times 8 = 40$

⑯ $3 \times \boxed{} = 21$

⑰ $\boxed{} \times 4 = 32$

⑱ $4 \times \boxed{} = 12$

⑲ $\boxed{} \times 9 = 72$

⑳ $9 \times \boxed{} = 9$

㉑ $\boxed{} \times 7 = 28$

㉒ $7 \times \boxed{} = 49$

㉓ $\boxed{} \times 9 = 18$

㉔ $\boxed{} \times 3 = 24$

㉕ $5 \times \boxed{} = 45$

㉖ $9 \times \boxed{} = 81$

㉗ $\boxed{} \times 8 = 64$

공부한 날	월	일
걸린 시간	분	초
맞힌 개수		/30

정답: p.13

😊 빈 곳에 알맞은 수를 써넣으세요.

×	3	5	8	2	6
1					
5					
7					
9					
2					
3					

Memo

Memo

Memo

계산력 + 두뇌회전
UP!

한 권으로 계산 끝

정답

4

초등수학
2학년 과정

넥서스에듀

같은 수를 여러 번 더하기

1   p.15

① 2, 2, 4   ⑥ 3, 3, 9

② 2, 3, 6   ⑦ 3, 4, 12

③ 2, 5, 10   ⑧ 3, 6, 18

④ 2, 7, 14   ⑨ 3, 7, 21

⑤ 2, 8, 16   ⑩ 3, 9, 27

2   p.16

① 2, 4, 8   ⑥ 3, 2, 6

② 2, 5, 10   ⑦ 3, 4, 12

③ 2, 6, 12   ⑧ 3, 5, 15

④ 2, 8, 16   ⑨ 3, 7, 21

⑤ 2, 9, 18   ⑩ 3, 8, 24

3   p.17

① 4, 3, 12   ⑥ 5, 2, 10

② 4, 5, 20   ⑦ 5, 4, 20

③ 4, 6, 24   ⑧ 5, 5, 25

④ 4, 8, 32   ⑨ 5, 7, 35

⑤ 4, 9, 36   ⑩ 5, 8, 40

4   p.18

① 4, 2, 8   ⑥ 5, 3, 15

② 4, 4, 16   ⑦ 5, 5, 25

③ 4, 5, 20   ⑧ 5, 6, 30

④ 4, 7, 28   ⑨ 5, 7, 35

⑤ 4, 8, 32   ⑩ 5, 9, 45

5   p.19

① 6, 2, 12   ⑥ 7, 3, 21

② 6, 3, 18   ⑦ 7, 4, 28

③ 6, 5, 30   ⑧ 7, 6, 42

④ 6, 6, 36   ⑨ 7, 8, 56

⑤ 6, 8, 48   ⑩ 7, 9, 63

6   p.20

① 6, 3, 18   ⑥ 7, 2, 14

② 6, 4, 24   ⑦ 7, 5, 35

③ 6, 7, 42   ⑧ 7, 6, 42

④ 6, 8, 48   ⑨ 7, 7, 49

⑤ 6, 9, 54   ⑩ 7, 9, 63

7   p.21

① 8, 3, 24   ⑥ 9, 2, 18

② 8, 5, 40   ⑦ 9, 4, 36

③ 8, 6, 48   ⑧ 9, 5, 45

④ 8, 7, 56   ⑨ 9, 7, 63

⑤ 8, 9, 72   ⑩ 9, 8, 72

8   p.22

① 8, 2, 16   ⑥ 9, 3, 27

② 8, 4, 32   ⑦ 9, 5, 45

③ 8, 5, 40   ⑧ 9, 6, 54

④ 8, 7, 56   ⑨ 9, 8, 72

⑤ 8, 8, 64   ⑩ 9, 9, 81

2 2의 단, 5의 단, 4의 단 곱셈구구

1
p.24

① 2 ⑧ 16 ⑮ 30 ㉒ 16
② 4 ⑨ 18 ⑯ 35 ㉓ 20
③ 6 ⑩ 5 ⑰ 40 ㉔ 24
④ 8 ⑪ 10 ⑱ 45 ㉕ 28
⑤ 10 ⑫ 15 ⑲ 4 ㉖ 32
⑥ 12 ⑬ 20 ⑳ 8 ㉗ 36
⑦ 14 ⑭ 25 ㉑ 12

2
p.25

① 8, 18, 6, 14, 2 ④ 12, 16, 4, 10

② 35, 25, 15, 40, 10 ⑤ 45, 5, 30, 20

③ 36, 20, 4, 24, 12 ⑥ 32, 16, 28, 8

3
p.26

① 2 ⑧ 8 ⑮ 30 ㉒ 35
② 4 ⑨ 12 ⑯ 16 ㉓ 40
③ 6 ⑩ 8 ⑰ 20 ㉔ 45
④ 5 ⑪ 10 ⑱ 24 ㉕ 28
⑤ 10 ⑫ 12 ⑲ 14 ㉖ 32
⑥ 15 ⑬ 20 ⑳ 16 ㉗ 36
⑦ 4 ⑭ 25 ㉑ 18

4
p.27

① 18, 4, 2, 12, 10 ④ 32, 8, 28, 16

② 15, 25, 10, 30, 40 ⑤ 45, 20, 35, 5

③ 20, 12, 24, 4, 36 ⑥ 16, 8, 14, 6

5
p.28

① 0 ⑧ 12 ⑮ 40 ㉒ 15
② 6 ⑨ 24 ⑯ 4 ㉓ 30
③ 14 ⑩ 2 ⑰ 16 ㉔ 45
④ 0 ⑪ 8 ⑱ 32 ㉕ 8
⑤ 20 ⑫ 16 ⑲ 4 ㉖ 20
⑥ 35 ⑬ 10 ⑳ 12 ㉗ 36
⑦ 0 ⑭ 25 ㉑ 18

6
p.29

① 20, 24, 8, 12, 32 ④ 14, 8, 18, 2

② 35, 15, 40, 20 ⑤ 12, 4, 16, 10, 6

③ 25, 30, 10, 45, 5 ⑥ 16, 4, 36, 28

7
p.30

① 0 ⑧ 12 ⑮ 40 ㉒ 10
② 8 ⑨ 24 ⑯ 4 ㉓ 30
③ 14 ⑩ 4 ⑰ 16 ㉔ 45
④ 0 ⑪ 10 ⑱ 28 ㉕ 8
⑤ 20 ⑫ 16 ⑲ 6 ㉖ 20
⑥ 35 ⑬ 5 ⑳ 12 ㉗ 36
⑦ 0 ⑭ 25 ㉑ 18

8
p.31

① 10, 15, 45, 35, 5 ④ 16, 28, 20, 8, 36

② 24, 32, 4, 12 ⑤ 14, 2, 12, 18, 4

③ 10, 8, 6, 16 ⑥ 40, 25, 30, 20

3 2의 단, 3의 단, 6의 단 곱셈구구

1

① 2	⑧ 16	⑮ 18	㉒ 24
② 4	⑨ 18	⑯ 21	㉓ 30
③ 6	⑩ 3	⑰ 24	㉔ 36
④ 8	⑪ 6	⑱ 27	㉕ 42
⑤ 10	⑫ 9	⑲ 6	㉖ 48
⑥ 12	⑬ 12	⑳ 12	㉗ 54
⑦ 14	⑭ 15	㉑ 18	

2
p.34

① 10, 14, 12, 8, 2	④ 6, 18, 4, 16
② 18, 27, 6, 24, 9	⑤ 3, 12, 21, 15
③ 18, 48, 6, 30, 42	⑥ 12, 36, 24, 54

3
p.35

① 2	⑧ 12	⑮ 18	㉒ 21
② 4	⑨ 18	⑯ 24	㉓ 24
③ 6	⑩ 8	⑰ 30	㉔ 27
④ 3	⑪ 10	⑱ 36	㉕ 42
⑤ 6	⑫ 12	⑲ 14	㉖ 48
⑥ 9	⑬ 12	⑳ 16	㉗ 54
⑦ 6	⑭ 15	㉑ 18	

4
p.36

① 21, 6, 27, 12, 3	④ 12, 42, 30, 54
② 48, 6, 24, 18, 36	⑤ 9, 15, 24, 18
③ 18, 6, 14, 4, 10	⑥ 16, 2, 12, 8

5
p.37

① 0	⑧ 18	⑮ 24	㉒ 6
② 6	⑨ 36	⑯ 6	㉓ 15
③ 12	⑩ 2	⑰ 24	㉔ 27
④ 0	⑪ 8	⑱ 42	㉕ 12
⑤ 9	⑫ 14	⑲ 4	㉖ 30
⑥ 21	⑬ 3	⑳ 10	㉗ 48
⑦ 0	⑭ 12	㉑ 18	

6
p.38

① 36, 18, 30, 54, 12	④ 14, 4, 16, 10
② 24, 6, 42, 48	⑤ 24, 3, 15, 21, 18
③ 2, 18, 8, 12, 6	⑥ 9, 12, 6, 27

7
p.39

① 0	⑧ 24	⑮ 24	㉒ 9
② 8	⑨ 42	⑯ 6	㉓ 18
③ 14	⑩ 2	⑰ 30	㉔ 27
④ 0	⑪ 10	⑱ 48	㉕ 18
⑤ 12	⑫ 16	⑲ 4	㉖ 36
⑥ 21	⑬ 6	⑳ 12	㉗ 54
⑦ 0	⑭ 15	㉑ 18	

8
p.40

① 48, 24, 54, 6, 30	④ 6, 18, 9, 24
② 18, 8, 14, 4	⑤ 12, 3, 27, 15, 21
③ 2, 10, 12, 6, 16	⑥ 42, 12, 36, 18

3의 단, 6의 단, 4의 단 곱셈구구

1
p.42

① 3	⑧ 24	⑮ 36	㉒ 16
② 6	⑨ 27	⑯ 42	㉓ 20
③ 9	⑩ 6	⑰ 48	㉔ 24
④ 12	⑪ 12	⑱ 54	㉕ 28
⑤ 15	⑫ 18	⑲ 4	㉖ 32
⑥ 18	⑬ 24	⑳ 8	㉗ 36
⑦ 21	⑭ 30	㉑ 12	

2
p.43

① 6, 12, 27, 9, 18	④ 15, 21, 3, 24
② 4, 28, 12, 32, 16	⑤ 36, 24, 8, 20
③ 12, 30, 42, 18, 36	⑥ 48, 6, 54, 24

3
p.44

① 3	⑧ 12	⑮ 24	㉒ 28
② 6	⑨ 18	⑯ 24	㉓ 32
③ 9	⑩ 12	⑰ 30	㉔ 36
④ 4	⑪ 15	⑱ 36	㉕ 42
⑤ 8	⑫ 18	⑲ 21	㉖ 48
⑥ 12	⑬ 16	⑳ 24	㉗ 54
⑦ 6	⑭ 20	㉑ 27	

4
p.45

① 20, 12, 32, 8, 16	④ 48, 12, 24, 42
② 27, 3, 12, 21, 18	⑤ 28, 24, 36, 4
③ 36, 30, 18, 54, 6	⑥ 9, 24, 6, 15

5
p.46

① 0	⑧ 12	⑮ 42	㉒ 12
② 12	⑨ 28	⑯ 4	㉓ 30
③ 21	⑩ 3	⑰ 16	㉔ 54
④ 0	⑪ 15	⑱ 32	㉕ 8
⑤ 18	⑫ 24	⑲ 6	㉖ 24
⑥ 36	⑬ 6	⑳ 18	㉗ 36
⑦ 0	⑭ 24	㉑ 27	

6
p.47

① 3, 18, 15, 24, 21	④ 54, 30, 42, 12
② 32, 16, 24, 12	⑤ 8, 20, 36, 4, 28
③ 36, 24, 18, 48, 6	⑥ 12, 9, 6, 27

7
p.48

① 0	⑧ 12	⑮ 48	㉒ 12
② 12	⑨ 28	⑯ 4	㉓ 36
③ 21	⑩ 6	⑰ 16	㉔ 54
④ 0	⑪ 15	⑱ 32	㉕ 8
⑤ 18	⑫ 24	⑲ 9	㉖ 20
⑥ 42	⑬ 6	⑳ 18	㉗ 36
⑦ 0	⑭ 30	㉑ 27	

8
p.49

① 42, 30, 12, 54, 48	④ 8, 32, 20, 4
② 24, 27, 9, 3	⑤ 12, 24, 28, 16, 36
③ 15, 6, 18, 21, 12	⑥ 18, 24, 6, 36

1-A
p.52

① 2, 4, 8
② 3, 6, 18
③ 4, 4, 16
④ 4, 9, 36
⑤ 5, 3, 15
⑥ 6, 7, 42
⑦ 7, 5, 35
⑧ 8, 7, 56
⑨ 9, 2, 18
⑩ 9, 9, 81

1-B
p.53

① 2, 9, 18
② 3, 5, 15
③ 4, 7, 28
④ 5, 4, 20
⑤ 6, 2, 12
⑥ 7, 8, 56
⑦ 8, 3, 24
⑧ 9, 6, 54

2-A
p.54

① 32
② 25
③ 0
④ 30
⑤ 36
⑥ 8
⑦ 16
⑧ 15
⑨ 14
⑩ 20
⑪ 2
⑫ 40
⑬ 6
⑭ 5
⑮ 28
⑯ 10
⑰ 8
⑱ 35
⑲ 24
⑳ 18
㉑ 12
㉒ 10
㉓ 20
㉔ 12
㉕ 45
㉖ 4
㉗ 16

2-B
p.55

① 5, 0, 20, 45, 25
② 18, 10, 2, 14, 8
③ 8, 0, 16, 36, 20
④ 6, 4, 12, 0, 16
⑤ 28, 4, 32, 12, 24
⑥ 15, 30, 40, 35, 10

3-A
p.56

① 27
② 3
③ 14
④ 15
⑤ 6
⑥ 18
⑦ 42
⑧ 4
⑨ 18
⑩ 10
⑪ 36
⑫ 18
⑬ 8
⑭ 24
⑮ 30
⑯ 9
⑰ 0
⑱ 21
⑲ 54
⑳ 12
㉑ 6
㉒ 24
㉓ 6
㉔ 16
㉕ 12
㉖ 12
㉗ 48

3-B
p.57

① 0, 15, 27, 6, 18

② 12, 0, 2, 14, 18

③ 0, 12, 42, 54, 6

④ 36, 24, 30, 18, 48

⑤ 21, 9, 24, 12, 3

⑥ 6, 16, 8, 4, 10

4-A
p.58

① 16
② 42
③ 36
④ 30
⑤ 0
⑥ 12
⑦ 24
⑧ 3
⑨ 8
⑩ 24
⑪ 28
⑫ 18
⑬ 48
⑭ 27
⑮ 6
⑯ 21
⑰ 24
⑱ 54
⑲ 18
⑳ 6
㉑ 4
㉒ 12
㉓ 32
㉔ 36
㉕ 20
㉖ 12
㉗ 15

4-B
p.59

① 32, 36, 0, 12, 4

② 12, 48, 0, 6, 54

③ 0, 12, 24, 3, 27

④ 9, 21, 6, 18, 15

⑤ 24, 8, 20, 28, 16

⑥ 36, 24, 42, 30, 18

4의 단, 8의 단, 6의 단 곱셈구구

1
p.61

① 4	⑧ 32	⑮ 48	㉒ 24
② 8	⑨ 36	⑯ 56	㉓ 30
③ 12	⑩ 8	⑰ 64	㉔ 36
④ 16	⑪ 16	⑱ 72	㉕ 42
⑤ 20	⑫ 24	⑲ 6	㉖ 48
⑥ 24	⑬ 32	⑳ 12	㉗ 54
⑦ 28	⑭ 40	㉑ 18	

2
p.62

① 8, 24, 36, 20, 28	④ 24, 18, 42, 12, 36
② 64, 40, 8, 32, 24	⑤ 16, 32, 12, 4
③ 54, 48, 6, 30	⑥ 72, 48, 56, 16

3
p.63

① 4	⑧ 12	⑮ 48	㉒ 56
② 8	⑨ 18	⑯ 24	㉓ 64
③ 12	⑩ 16	⑰ 30	㉔ 72
④ 8	⑪ 20	⑱ 36	㉕ 42
⑤ 16	⑫ 24	⑲ 28	㉖ 48
⑥ 24	⑬ 32	⑳ 32	㉗ 54
⑦ 6	⑭ 40	㉑ 36	

4
p.64

① 48, 6, 42, 24, 30	④ 12, 28, 4, 8, 36
② 32, 48, 72, 40, 16	⑤ 12, 54, 18, 36
③ 20, 16, 24, 32	⑥ 64, 24, 8, 56

5
p.65

① 0	⑧ 18	⑮ 56	㉒ 16
② 12	⑨ 42	⑯ 6	㉓ 40
③ 24	⑩ 4	⑰ 24	㉔ 64
④ 0	⑪ 16	⑱ 48	㉕ 12
⑤ 24	⑫ 32	⑲ 8	㉖ 30
⑥ 48	⑬ 8	⑳ 20	㉗ 54
⑦ 0	⑭ 32	㉑ 36	

6
p.66

① 28, 12, 36, 16, 4	④ 24, 42, 12, 30, 54
② 48, 36, 6, 18	⑤ 8, 72, 48, 24, 64
③ 56, 16, 40, 32	⑥ 24, 20, 32, 8

7
p.67

① 0	⑧ 24	⑮ 64	㉒ 24
② 16	⑨ 42	⑯ 6	㉓ 48
③ 28	⑩ 4	⑰ 30	㉔ 72
④ 0	⑪ 20	⑱ 48	㉕ 18
⑤ 32	⑫ 32	⑲ 8	㉖ 36
⑥ 56	⑬ 16	⑳ 24	㉗ 54
⑦ 0	⑭ 40	㉑ 36	

8
p.68

① 72, 24, 56, 40, 16	④ 16, 28, 4, 32, 20
② 48, 8, 32, 64	⑤ 18, 36, 12, 54, 48
③ 30, 24, 42, 6	⑥ 8, 24, 12, 36

5의 단, 7의 단, 9의 단 곱셈구구

1   p.70

① 5	⑧ 40	⑮ 42	㉒ 36
② 10	⑨ 45	⑯ 49	㉓ 45
③ 15	⑩ 7	⑰ 56	㉔ 54
④ 20	⑪ 14	⑱ 63	㉕ 63
⑤ 25	⑫ 21	⑲ 9	㉖ 72
⑥ 30	⑬ 28	⑳ 18	㉗ 81
⑦ 35	⑭ 35	㉑ 27	

2   p.71

① 15, 40, 30, 5, 45	④ 35, 28, 42, 49, 14
② 36, 9, 81, 18, 63	⑤ 25, 10, 35, 20
③ 7, 63, 56, 21	⑥ 72, 27, 45, 54

3   p.72

① 5	⑧ 18	⑮ 42	㉒ 49
② 10	⑨ 27	⑯ 36	㉓ 56
③ 15	⑩ 20	⑰ 45	㉔ 63
④ 7	⑪ 25	⑱ 54	㉕ 63
⑤ 14	⑫ 30	⑲ 35	㉖ 72
⑥ 21	⑬ 28	⑳ 40	㉗ 81
⑦ 9	⑭ 35	㉑ 45	

4   p.73

① 56, 7, 63, 28, 35	④ 30, 25, 10, 15, 40
② 18, 72, 9, 54, 63	⑤ 21, 42, 14, 49
③ 45, 35, 20, 5	⑥ 45, 81, 27, 36

5   p.74

① 0	⑧ 27	⑮ 56	㉒ 14
② 15	⑨ 54	⑯ 9	㉓ 42
③ 30	⑩ 5	⑰ 36	㉔ 63
④ 0	⑪ 20	⑱ 63	㉕ 18
⑤ 21	⑫ 35	⑲ 10	㉖ 45
⑥ 49	⑬ 7	⑳ 25	㉗ 72
⑦ 0	⑭ 28	㉑ 45	

6   p.75

① 14, 7, 49, 28, 63	④ 27, 81, 18, 45, 72
② 9, 36, 63, 54	⑤ 20, 35, 5, 30, 45
③ 15, 40, 10, 25	⑥ 42, 35, 56, 21

7   p.76

① 0	⑧ 36	⑮ 56	㉒ 14
② 20	⑨ 63	⑯ 9	㉓ 42
③ 35	⑩ 5	⑰ 45	㉔ 63
④ 0	⑪ 25	⑱ 72	㉕ 27
⑤ 21	⑫ 40	⑲ 10	㉖ 54
⑥ 49	⑬ 7	⑳ 30	㉗ 81
⑦ 0	⑭ 35	㉑ 45	

8   p.77

① 36, 54, 27, 81, 9	④ 21, 49, 14, 56, 35
② 42, 7, 28, 63	⑤ 5, 10, 25, 30, 40
③ 18, 63, 45, 72	⑥ 15, 45, 20, 35

7의 단, 8의 단, 9의 단 곱셈구구

1   p.79

① 7	⑧ 56	⑮ 48	㉒ 36
② 14	⑨ 63	⑯ 56	㉓ 45
③ 21	⑩ 8	⑰ 64	㉔ 54
④ 28	⑪ 16	⑱ 72	㉕ 63
⑤ 35	⑫ 24	⑲ 9	㉖ 72
⑥ 42	⑬ 32	⑳ 18	㉗ 81
⑦ 49	⑭ 40	㉑ 27	

2   p.80

① 21, 49, 14, 56, 7	④ 32, 24, 8, 72, 64
② 54, 45, 27, 63, 36	⑤ 28, 63, 35, 42
③ 16, 48, 56, 40	⑥ 9, 72, 18, 81

3   p.81

① 7	⑧ 18	⑮ 48	㉒ 56
② 14	⑨ 27	⑯ 36	㉓ 64
③ 21	⑩ 28	⑰ 45	㉔ 72
④ 8	⑪ 35	⑱ 54	㉕ 63
⑤ 16	⑫ 42	⑲ 49	㉖ 72
⑥ 24	⑬ 32	⑳ 56	㉗ 81
⑦ 9	⑭ 40	㉑ 63	

4   p.82

① 72, 24, 32, 56, 16	④ 63, 9, 72, 45, 27
② 56, 63, 42, 7, 35	⑤ 21, 14, 49, 28
③ 18, 54, 36, 81	⑥ 48, 40, 64, 8

5   p.83

① 0	⑧ 27	⑮ 64	㉒ 16
② 21	⑨ 54	⑯ 9	㉓ 40
③ 42	⑩ 7	⑰ 36	㉔ 72
④ 0	⑪ 28	⑱ 63	㉕ 18
⑤ 24	⑫ 49	⑲ 14	㉖ 45
⑥ 56	⑬ 8	⑳ 35	㉗ 72
⑦ 0	⑭ 32	㉑ 63	

6   p.84

① 56, 16, 8, 48, 40	④ 54, 81, 18, 72
② 64, 24, 72, 32	⑤ 28, 7, 35, 49, 63
③ 9, 36, 45, 27, 63	⑥ 14, 56, 21, 42

7   p.85

① 0	⑧ 36	⑮ 64	㉒ 16
② 28	⑨ 63	⑯ 9	㉓ 48
③ 49	⑩ 14	⑰ 45	㉔ 72
④ 0	⑪ 35	⑱ 72	㉕ 27
⑤ 32	⑫ 56	⑲ 21	㉖ 54
⑥ 56	⑬ 8	⑳ 42	㉗ 81
⑦ 0	⑭ 40	㉑ 63	

8   p.86

① 36, 27, 81, 18, 54	④ 40, 8, 16, 56, 72
② 9, 72, 45, 63	⑤ 42, 28, 56, 7, 35
③ 63, 14, 49, 21	⑥ 24, 64, 48, 32

8 곱셈구구

1
p.88

① 1	⑧ 2	⑮ 1	㉒ 1
② 2	⑨ 4	⑯ 2	㉓ 2
③ 3	⑩ 5	⑰ 3	㉔ 3
④ 4	⑪ 6	⑱ 5	㉕ 4
⑤ 6	⑫ 7	⑲ 6	㉖ 5
⑥ 7	⑬ 8	⑳ 7	㉗ 7
⑦ 8	⑭ 9	㉑ 9	

2
p.89

① 2	⑧ 2	⑮ 8	㉒ 5
② 4	⑨ 7	⑯ 6	㉓ 9
③ 5	⑩ 7	⑰ 9	㉔ 4
④ 3	⑪ 8	⑱ 5	㉕ 7
⑤ 7	⑫ 3	⑲ 4	㉖ 6
⑥ 4	⑬ 1	⑳ 6	㉗ 3
⑦ 8	⑭ 2	㉑ 8	

3
p.90

① 3	⑧ 4	⑮ 4	㉒ 3
② 4	⑨ 5	⑯ 5	㉓ 5
③ 5	⑩ 6	⑰ 6	㉔ 6
④ 7	⑪ 7	⑱ 7	㉕ 7
⑤ 9	⑫ 8	⑲ 8	㉖ 8
⑥ 1	⑬ 1	⑳ 9	㉗ 9
⑦ 3	⑭ 2	㉑ 2	

4
p.91

① 3	⑧ 7	⑮ 8	㉒ 3
② 3	⑨ 1	⑯ 9	㉓ 9
③ 9	⑩ 7	⑰ 8	㉔ 2
④ 2	⑪ 8	⑱ 5	㉕ 6
⑤ 6	⑫ 6	⑲ 5	㉖ 4
⑥ 9	⑬ 5	⑳ 5	㉗ 7
⑦ 4	⑭ 4	㉑ 8	

5
p.92

① 1	⑧ 1	⑮ 2	㉒ 2
② 2	⑨ 2	⑯ 3	㉓ 3
③ 4	⑩ 3	⑰ 4	㉔ 5
④ 5	⑪ 4	⑱ 5	㉕ 6
⑤ 6	⑫ 6	⑲ 7	㉖ 7
⑥ 8	⑬ 7	⑳ 9	㉗ 8
⑦ 9	⑭ 8	㉑ 1	

6
p.93

① 2	⑧ 3	⑮ 8	㉒ 3
② 6	⑨ 5	⑯ 5	㉓ 8
③ 5	⑩ 4	⑰ 9	㉔ 4
④ 3	⑪ 3	⑱ 2	㉕ 9
⑤ 6	⑫ 8	⑲ 6	㉖ 7
⑥ 4	⑬ 6	⑳ 5	㉗ 7
⑦ 7	⑭ 9	㉑ 9	

7
p.94

① 1	⑧ 3	⑮ 3	㉒ 4
② 3	⑨ 4	⑯ 4	㉓ 5
③ 5	⑩ 6	⑰ 5	㉔ 6
④ 7	⑪ 7	⑱ 6	㉕ 7
⑤ 8	⑫ 8	⑲ 8	㉖ 8
⑥ 9	⑬ 9	⑳ 9	㉗ 9
⑦ 2	⑭ 1	㉑ 2	

8
p.95

① 2	⑧ 8	⑮ 3	㉒ 4
② 6	⑨ 7	⑯ 3	㉓ 9
③ 7	⑩ 5	⑰ 7	㉔ 5
④ 4	⑪ 9	⑱ 6	㉕ 7
⑤ 8	⑫ 2	⑲ 8	㉖ 9
⑥ 8	⑬ 2	⑳ 5	㉗ 6
⑦ 3	⑭ 2	㉑ 6	

5-A   p.98

① 16	⑧ 48	⑮ 0	㉒ 28
② 42	⑨ 32	⑯ 32	㉓ 24
③ 12	⑩ 48	⑰ 72	㉔ 24
④ 8	⑪ 20	⑱ 12	㉕ 30
⑤ 36	⑫ 56	⑲ 18	㉖ 24
⑥ 6	⑬ 36	⑳ 64	㉗ 16
⑦ 8	⑭ 40	㉑ 54	

5-B   p.99

① 30, 18, 24, 0, 48	④ 0, 48, 64, 16, 40
② 24, 56, 8, 32, 72	⑤ 36, 8, 20, 16, 28
③ 4, 24, 32, 12, 0	⑥ 36, 12, 42, 6, 54

6-A   p.100

① 28	⑧ 45	⑮ 18	㉒ 63
② 72	⑨ 35	⑯ 45	㉓ 40
③ 0	⑩ 10	⑰ 56	㉔ 63
④ 49	⑪ 42	⑱ 81	㉕ 54
⑤ 9	⑫ 36	⑲ 27	㉖ 25
⑥ 15	⑬ 30	⑳ 5	㉗ 7
⑦ 14	⑭ 35	㉑ 21	

6-B   p.101

① 45, 20, 15, 40, 10	④ 35, 56, 7, 21, 42
② 0, 49, 14, 63, 28	⑤ 9, 27, 63, 18, 45
③ 36, 72, 54, 0, 81	⑥ 35, 30, 5, 0, 25

7-A
p.102

① 72	⑧ 63	⑮ 9	㉒ 72
② 45	⑨ 7	⑯ 14	㉓ 35
③ 63	⑩ 21	⑰ 40	㉔ 56
④ 0	⑪ 32	⑱ 36	㉕ 81
⑤ 27	⑫ 18	⑲ 54	㉖ 28
⑥ 42	⑬ 49	⑳ 56	㉗ 24
⑦ 64	⑭ 16	㉑ 8	

7-B
p.103

① 0, 9, 36, 81, 54　　④ 28, 63, 21, 49, 35

② 27, 63, 45, 18, 72　　⑤ 16, 64, 48, 8, 56

③ 24, 40, 0, 72, 32　　⑥ 42, 7, 56, 0, 14

8-A
p.104

① 2	⑧ 2	⑮ 5	㉒ 7
② 5	⑨ 1	⑯ 7	㉓ 2
③ 4	⑩ 8	⑰ 8	㉔ 8
④ 7	⑪ 4	⑱ 3	㉕ 9
⑤ 5	⑫ 3	⑲ 8	㉖ 9
⑥ 9	⑬ 2	⑳ 1	㉗ 8
⑦ 5	⑭ 4	㉑ 4	

8-B
p.105

×	3	5	8	2	6
1	3	5	8	2	6
5	15	25	40	10	30
7	21	35	56	14	42
9	27	45	72	18	54
2	6	10	16	4	12
3	9	15	24	6	18

Memo

Memo

Memo